|第三辑|

旗袍

中西合璧的服饰文化

艺 阳|著

图书在版编目（CIP）数据

旗袍 : 中西合璧的服饰文化 / 艺阳著. -- 北京 :
五洲传播出版社, 2022.3
（中国人文标识）
ISBN 978-7-5085-4765-7

Ⅰ. ①旗… Ⅱ. ①艺… Ⅲ. ①旗袍—服饰文化—中国
—通俗读物 Ⅳ. ①TS941.717.8-49

中国版本图书馆CIP数据核字(2022)第035165号

作　　者：艺　阳
图　　片：艺　阳　刘凤玖　图虫创意/Adobe Stock　视觉中国
出 版 人：关　宏
责任编辑：梁　媛
装帧设计：青芒时代　张伯阳

旗袍：中西合璧的服饰文化
出版发行：五洲传播出版社
地　　址：北京市海淀区北三环中路31号生产力大楼B座6层
邮　　编：100088
电　　话：010-82005927，82007837
网　　址：www.cicc.org.cn,www.thatsbook.com
印　　刷：北京中石油彩色印刷有限责任公司
版　　次：2022年3月第1版第1次印刷
开　　本：710mm × 1000mm　1/16
印　　张：13
字　　数：180千字
定　　价：68.00元

序

旗袍，有着高挺有型的立领和斜开的门襟，讲究的盘扣将立领和门襟的两侧完美闭合，形成一种独特的精气神。旗袍，有着圆润柔和的轮廓和线条，将人体曲线的曼妙恰到好处地展现出来，既有浪漫的情致，又不失优雅端庄的气韵。行走间，轻盈摇曳的下摆，忽隐忽现的风情，赋予了旗袍一种难以抗拒的魔力。

其实，旗袍独特的轮廓里蕴藏着中国传统服饰和西方传统服饰的两股灵魂，可以说是中西服饰文化完美融合的产物。

旗袍的前身是清朝的旗袍。不过，此旗袍非彼旗袍。清朝的旗袍指的是“旗女之袍”，是典型的中国传统服装式样。中国传统服饰常常呈现出宽松古雅的样貌，有着平面化的裁剪、质朴细腻的缝制以及精美绝伦的手工装饰图案，人体线条隐藏在宽松的服饰轮廓下。

19世纪末20世纪初，西方服饰文化传入中国。西方服饰更注重立体化的裁剪方式和缝制手法，擅于凸显出人体线条美，甚至会用紧身胸衣和填充物去塑造更凹凸有致的立体轮廓。中国人的服饰审美在西方服饰文化的影响下不断改变，中国传统服饰逐渐吸收西式立体剪裁手法，由平面化向立体化过渡，于是衍生出了旗袍与众不同的美。

同时，丰富的面料也赋予了旗袍万种风情。棉麻旗袍质朴别致，丝绒旗袍雍容华贵，而顺滑光亮的中国丝绸搭配细腻的中国传统手工刺绣制作的旗袍，成为旗袍最经典的样貌，将源于中国传统服饰的旗袍的复古韵味烘托到最佳。

到二十世纪三四十年代，旗袍风靡中国，成为时髦女子的标配。

现如今，无论是手工定制，还是批量化生产，旗袍已经融入到中国人的生活中。新的面料以及新的设计让旗袍的时代感更鲜活，带着设计感的旗袍备受年轻一代的喜爱。许许多多与旗袍有关的衍生品诞生。人们从这些精美的旗袍和旗袍衍生品中领略到的不单是旗袍文化，更是中国传统文化的魅力。

中国旗袍也以婀娜的姿态征服了世界。在中国服饰中，旗袍独树一帜，是无可取代的品类。在世界眼中，旗袍就是中国服饰的样子。它带给许多中外服装设计师创作的灵感。设计师们以旗袍为设计元素去表达他们内心对中国美以及东方美的理解，新的设计融合了各种不同的文化元素，赋予了旗袍最新的摩登气息，也赋予了旗袍源源不断的生命力，让它成为时尚界的宠儿。

旗袍，传统中不失现代感的样式、浪漫中又平添端庄大气的风韵，是中国手工艺人智慧里最别致的灵感，也是中国服饰文化中极为惊艳的一抹亮色，更是一段历史时期里服饰文化的里程碑。旗袍，完美地诠释人们心中对于中国服饰的理解，象征着中国深厚的传统文化和精湛的传统工艺。

目　录

第一章

旗袍的前世记忆

旗袍看起来是民国时期才出现的新式服装，但细细了解就会发现，它其实并不是某个时代的专属产物，而是一种中国的古老服装在中西文化交融过程中一次全新的升级。

旗袍　中西合璧的服饰文化

PART 01
旗袍的前世

中国有一种衣服称得上风情万种，在它玲珑的线条里藏着东方独有的气质和情怀，这就是旗袍。

旗袍看起来是民国时期才出现的新式服装，但细细了解就会发现，它其实并不是某个时代的专属产物，而是一种中国的古老服装在中西文化交融的过程中一次全新的升级。

袍服，旗袍的早期雏形

早在先秦时期就已经埋下了日后形成旗袍样式的一粒种子，这粒“种子”叫作袍服。袍服在历史的漫漫时光里，经过人们审美观念的变化、多元文化的融合、生活习惯的改变，以及面料与手工艺的提升改良，到19世纪末20世纪初，蜕变成了曼妙与美好的现代旗袍。

※ 旗女的袍服

彼旗袍非此旗袍

虽然旗袍的起源可追溯到先秦时期，但先秦时期的袍服只能算是现代旗袍的雏形，与旗袍更为相近的服装应该是清朝的“旗袍”。从旗袍的名字来看，它指的是旗女之袍。那么旗女是谁？旗女之袍和现在的旗袍是什么关系？

1616年，清太祖爱新觉罗·努尔哈赤（1559–1626年）统一女真族各部，建立后金政权，推行八旗制度。1644年，努尔哈赤之孙爱新觉罗·福临，也就是清世祖顺治皇帝，建立了中国的最后一个封建王朝清朝，成为清朝的开国皇帝。

努尔哈赤之前推行的八旗制度把当时的女真族人编制在正黄、正白、

旗女的旗袍

正红、正蓝，镶黄、镶白、镶红、镶蓝八旗之中，这种八旗制度源于女真族的狩猎组织，清朝建立后仍然沿用，成为清朝的根本制度。女真族也就是满族的前身。

由于八旗制度的划分，清朝的满族人也被称作旗人，他们所穿的衣服被称为旗服，清代满族的女子被称为旗女，她们所穿的袍服就叫作旗袍。对于美好的事物，民间总会有许多动人传说，旗袍也不例外。

传说，镜泊湖边住着一个名叫小泵娘的满族姑娘，常常跟着父亲在湖里捕鱼，因为皮肤黝黑，大伙都叫她黑妞儿。当时的满族女性都要穿古时

满族绿纱旗袍

候传下来的一种肥大衣裙，干活时十分不方便。心灵手巧的黑妞儿决定做一件适合干活穿的衣裙，于是设计出了一款侧面开襟、带扣、两侧开叉的长袍，干活的时候可以把衣襟撩起来系在腰上，平时摆放下来，显得端庄大方，真是一举两得。

后来黑妞儿成了皇后，她制作的这种开衩长袍也跟着出了名，逐渐在满族人中普及开来，人们管这种长袍叫旗袍。历史上，也许并不存在一位叫黑妞儿的满族皇后，清代旗袍也不是某位皇后发明的，但这无疑是聪慧的满族人对传统袍服进行的一次完美升级。

PART 02
旗女之袍

虽然，旗女的旗袍和如今人们所说的旗袍同名同宗，但形制上却大相径庭，最大的区别在于裁剪方式上。旗女的旗袍继承了中国古代服饰一贯的平面裁剪，轮廓宽松，风格古典端庄，而现代旗袍是中西方文化融合的产物，在东方的样式里结合了立体的西式裁剪，旗袍的轮廓也因此变得十分合体，呈现出曼妙多情的风格。

粗犷朴实，满族旗袍最初的样子

清代，旗袍并不是满族女子的专利，男子其实也穿旗袍，而且款式十分相似。入关前，满族人的旗袍是宽松的连身直筒样式，整体风格相当质朴，衣身线条简洁明朗，袖子很窄，并没有后来的立领样式，而是贴合脖子的圆领，还常常搭配腰带穿着。旗袍的材质也与后来大不同，一般选择厚重且耐磨的材料。这些特质都是满族人的生活习惯自然形成的。

这时的旗袍有两个特点：一个特点是袖口窄小形状似马蹄，这种袖子

※ 穿旗袍的满族女人

被称为“马蹄袖”或者“箭袖”，满族人叫它“哇哈”。这种翻下来时像马蹄形状的袖口，既能保护手背，又不阻碍拉弓射箭一类的动作，显得灵巧、实用，特别适合作战打仗时穿着。日常穿着时，翻折回来又能起到装饰袖口的作用。小小的袖口设计蕴含着满族先民的大智慧。

满族入关后，马蹄袖被规定必须用在文武百官的朝服中，官员们平时把马蹄袖挽起来，面见皇上行礼时，要先把马蹄袖放下来，再两手伏地行跪拜之礼，叫作“打哇哈”。

清朝旗袍的另一个特点是下摆四面都开叉，这样的设计是为了便于骑马。后来，不仅清代男子朝服沿用了这些传统的服饰细节，皇室女子以及命妇们的朝服也采用了这样的款式，看起来隆重大气。

悄然改变的旗袍样貌

清朝初期，旗女袍服的风格依然保持着质朴素雅的风范，而且延续了原来的圆领和窄袖，不过此时的女子旗袍已经变成了不开叉的款式。穿旗袍时，女人习惯在领口处搭配一条装饰的领巾，多数为白色绸缎做成，有的上面绣着精致花纹。这条被叫作“龙华领巾”的小饰物可是不简单。据说因为满族女子的旗袍通常没有领子，龙华领巾充当了领子的作用，这也成了日后旗袍立领的雏形。

随着满汉文化的相互融合，满族人的生活习惯发生了极大转变，旗女袍服的轮廓也跟着悄然转变，圆领变成了立领，袍子下摆的两侧有了开叉，袖子也由窄变宽，不过，衣身依然保持了原有的宽松设计。旗袍整体的风格逐渐由简洁质朴转向精致华美，柔软的棉布和丝绸取代了粗布质地的面料，成了人们的最爱。旗袍在制作过程中还加入了各种精美的图案纹样，以及多样的滚边装饰。精巧的缝制技术能够满足镶嵌和滚边的装饰需求，手工纺织的精密织法则让面料本身呈现出很多别致的图案，手工刺绣也让旗袍的装饰有了更多的可能性。

清代的江宁织造就是专为宫廷供应各种纺织品而设的江南三大织造之

⋊ 搭配龙华领巾的清代袍服

一，以织造云锦而闻名。云锦的纺织工艺极其复杂，一台巨大的织布机需要两人同时操作才能运行，每天只能织出5厘米的布料。云锦工匠们更是会把黄金、白银以及孔雀羽通过多道工序制成线，与丝线一同织入锦缎中，因为特殊的纺织工艺，云锦的图案会显现出万千变化，甚至可以达到让每朵花的颜色都不重样的效果，这么耗时和用料讲究的布料可谓寸锦寸金。用这样的面料制成的清朝旗袍只能用华美来形容。

云锦的历史可追溯至公元417年，东晋朝廷在国都建康（今南京）设立的专门管理织锦的官署——锦署，至今已有1600多年。因云锦色泽光丽、锦纹绚丽、织造精细、用料考究，用它制作的龙袍受到帝王的青睐。制作龙袍时，工匠还会把刺绣等工艺一起结合上去，所以制作一件龙袍所耗费的时间一般都以年为单位来计算。

1958年，政府组织对定陵进行发掘。这是埋葬明朝第十三位皇帝万历皇帝朱翊钧与他两位皇后的陵墓。在出土的众多珍稀文物中，有一块云锦织金孔雀羽妆花纱龙袍袍料，堪称云锦织造的巅峰之作。在清代，清政府会把云锦制作的龙袍作为珍品赏赐给自己的藩属国，比如赏赐给琉球国王的黄地妆花缎·唐御衣等。

炉火纯青的清末旗袍工艺

清代末期，旗袍工艺已达到了相当高度，从流传下来的那些老物件上可以一睹当时旗袍的风采，用“精美至极”都不足以形容它的华美，仿佛中国传统服饰的全部魅力都集中体现于此。

晚清时期旗袍的精彩之处集中于繁复的装饰工艺，比如刺绣、绲边、镶嵌等，人们以多镶多滚为美，不惜以各种工艺堆砌出不同寻常的别致，这大概就是晚清旗袍最吸引人的气质吧。

晚清旗袍的繁复工艺到底有多极致呢？当时的京城流行一种“十八镶”的工艺，就是镶十八道花边。衣身面料几乎全部被镶嵌的花边覆盖，其间又穿插了精美绝伦的刺绣，细细的绲边与美妙的刺绣交织，用“讲究”二字都无法形容其工艺之美，身着这样服饰的人自然而然便流露出端庄华贵的气质。绲边则是在衣服的边沿用布条包裹并缝住。原本在旗袍上使用镶滚工艺是为了保护衣服的领口、袖口以及下摆边沿等容易磨损的地方，这在以往朝代的服饰中也出现过，但是清朝的制衣匠人们却将这一工艺发展到了登峰造极的高度，功能性的存在被强烈的装饰性所取代，有着丰富镶嵌的衣服也就成了艺术品一般的存在。

刺绣工艺则是让旗袍鲜活起来的点睛之笔。中国刺绣工艺以清代为最，而清代刺绣以宫廷刺绣最绝。苏州织造承担着皇家的各种刺绣需求。如今故宫博物院收藏的18万余件织绣文物中，有一半以上都产自这里。

据记载，顺治年间，苏州织造光是织机就有800台，能工巧匠更是不计其数。另外，清朝内务府造办处还设有广储司，广储司有绣作，同样承担着皇宫的刺绣。不同的是，广储司的绣娘都是百里挑一的高手，全国各地的刺绣大师常常来此为绣娘们传授技艺，于是各地刺绣的精华被融合于一处，成就了清代的宫廷刺绣。

清宫廷流传下来的袍服上的刺绣，绣工精细工整，图案或清雅秀丽，或富丽堂皇，几乎所有图案都有美好寓意。有一种叫“凤穿牡丹”的图案是皇后袍服上常见的，凤为鸟中之王，牡丹则是万花之王，这样的图案不仅象征身份高贵，还寓意吉祥。另一种图案由五只蝙蝠环绕一个圆形寿字组成，叫“五福捧寿”，寓意多福多寿，是太后袍服上常见的。另外还有与“福禄”谐音的葫芦，与“福寿”谐音的佛手都是当时常用的图案。除此之外，各种寓意美好的花草图案也是非常受欢迎的。

绣娘手中的细针和丝线穿梭成就了旗袍的灵动与别致，带刺绣图案的旗袍也更受人们的青睐。旗袍上的手工刺绣之所以打动人，不仅仅只是因为巧手描绘出来的独一无二的图案，更多的是因为匠人之手传递出来的温度。细细看来，每一处图案都是富于变化而又恰到好处，这就是刺绣时匠

※ 穿旗袍的女人

人赋予图案的生命力。

晚清旗袍上的刺绣面积往往比较大，有的刺绣面积甚至占到衣服的70%，可想而知，制作这样一件旗袍要耗费的时间之巨。皇后的凤袍就是刺绣图案面积很大且复杂的袍服，绣制用到的绣法也繁多。据说，8个人同时绣一件凤袍，需要连续绣300多天才能完成。有一种叫打籽绣的绣法，是宫廷刺绣中非常有代表性的，能赋予图案颗粒感的质地。但打籽绣很费时间，即便内务府一名技艺高超的绣娘，一天也只能绣出手掌大小的图案。还有一种盘金满绣更是绣中之最。它是用金线盘绣成大面积的图案，让整件衣服看起来金光绚烂，身着这样的服饰当然是为了突显着装人的身份和地位。

慈禧太后的旗袍可以说代表了晚清工艺的最高水准。皇宫还设立了绮华馆，专门为她进行“私人定制”。据说，每年用于慈禧旗袍制作的绸缎达160匹之多，极尽奢华。夏天，她喜欢穿绣有粉红色大牡丹花的黄缎袍，明亮贵气的黄色面料与层层叠叠渐变的粉色牡丹图案形成鲜明对比，反差极大的颜色却带来了和谐的视觉享受。不仅如此，慈禧还会在旗袍外面搭配用3500粒珍珠串成的披肩，华美之极。在会见重要来宾时，慈禧喜欢穿用孔雀毛做线织绣成凤凰图案的黄色缎袍，衣身上的每只凤凰口中都衔着一串长三寸的珠璎珞。随着走动，缎袍摇曳摆动，绽放出夺目光彩。

慈禧还有一件具有代表性的旗袍，就是她70岁那年夏天，装扮成观世音菩萨样子时穿的团形寿字纹袍。据说，这件袍服集镶、滚、嵌、绣、贴、盘等工艺于一身，堪称“百科全书式”的旗袍经典之作。当时，太监李莲英扮成观世音菩萨边上的散财童子立于左侧，宫女扮成龙女立于右侧。可惜，如今这一切只在老旧照片上留存了一点模糊不清的影像。

慈禧一生钟爱旗袍。袁世凯为了投其所好，曾经进献过一件用珍宝绣

慈禧扮观音像

成的旗袍，在黄色的袍服上有用各种宝石和珍珠串绣而成的芍药花图案，花的叶子也是用翡翠做成的，各色宝石的光彩交相辉映，绚烂夺目。慈禧身边的女官德龄后来回忆说，这是她一生中见过最漂亮的衣服。慈禧去世后，陪葬品中有一件象征至高无上权力的龙袍，上面除了绣有原本只有帝王才能使用的十二章纹以及龙纹，还有代表福气的蝙蝠纹，同时还绣有若干“佛”字，因此这件龙袍得名“黄江绸绣五彩五蝠平金佛字女龙袍”，是历朝历代众多龙袍中绝无仅有的。

PART 03
“花盆底”，藏在旗袍下的风景

漂亮衣服需要有漂亮的鞋搭配才算得上完美，清代满族姑娘穿旗袍时通常搭配“花盆底”，也叫作旗鞋。因为鞋底形状像一个倒梯形的花盆，所以有了这样一个特别的名字。

让人婀娜生姿的珍宝鞋

“花盆底”的鞋底从5厘米到十几厘米不等，最高的甚至有25厘米，鞋底是用木头做成的，特别坚固。有时候鞋面穿破了，鞋底依然完好无损，可以重复使用。除了常见的倒梯形花盆状，鞋底有时候也会被做成前平后圆弧的形状。穿上这样底子又高、造型又独特的鞋子，走起路来摇曳生姿。

花盆底高高的鞋底上是一双中国味十足的布鞋。布鞋的工艺也极为讲究，绝对不输给旗袍。当时的贵族女子所穿的花盆底，鞋面通常采用柔软珍贵的绸缎。不仅如此，工匠们还会在上面装饰丰富多彩的刺绣图案，荷

✕ 穿“花盆底”和旗袍的清末女子

花、蝴蝶、牡丹等植物纹样都是当时倍受大家喜爱的。为了达到更完美的效果，工匠甚至将珠宝镶嵌在鞋面上。为了让脚显得更加秀美，当时的女子甚至会在鞋尖上点缀用丝线做成的流苏穗子，走路时流苏穗子在裙摆下摆动，鞋面的刺绣和镶嵌的珠宝随着步伐流动变幻，真是步步生姿。

讲究的古人不止装饰鞋面，甚至还会装饰木制的厚鞋底。木制鞋底上有时用刺绣图案点缀，有时镶嵌上珍珠宝石，这样的“花盆底”就成了名副其实的宝鞋。当然，这种宝鞋不是所有女子都能穿得起的，通常只有皇家、贵族的女子才能拥有，平民女子一般只能穿着轻便随意的平底布鞋。

在宫廷里，花盆底是皇家女眷的心头好，它垫高了人的身材比例，让身材看起来十分高挑，走起来更是步态婀娜。华美的鞋也能衬托出穿着者

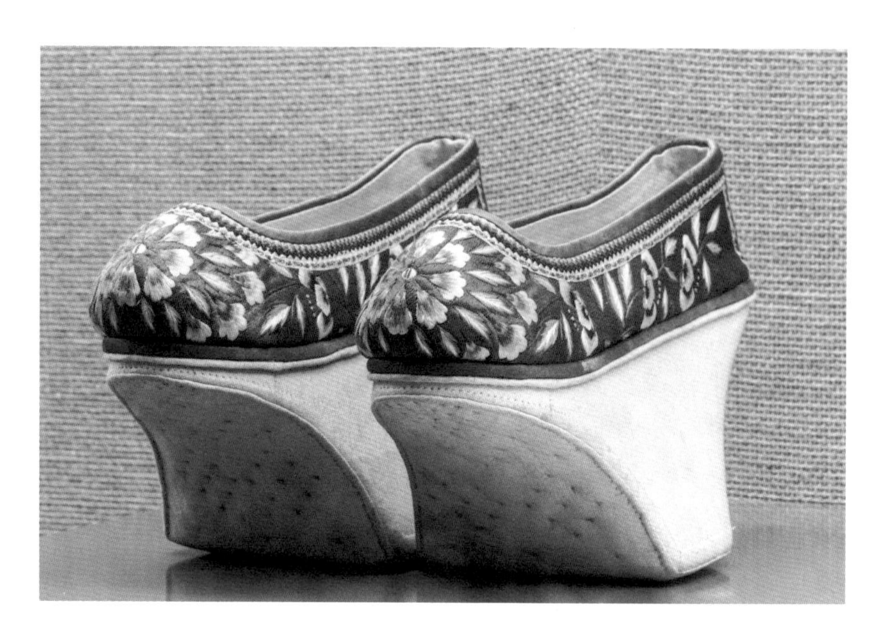

花盆底鞋

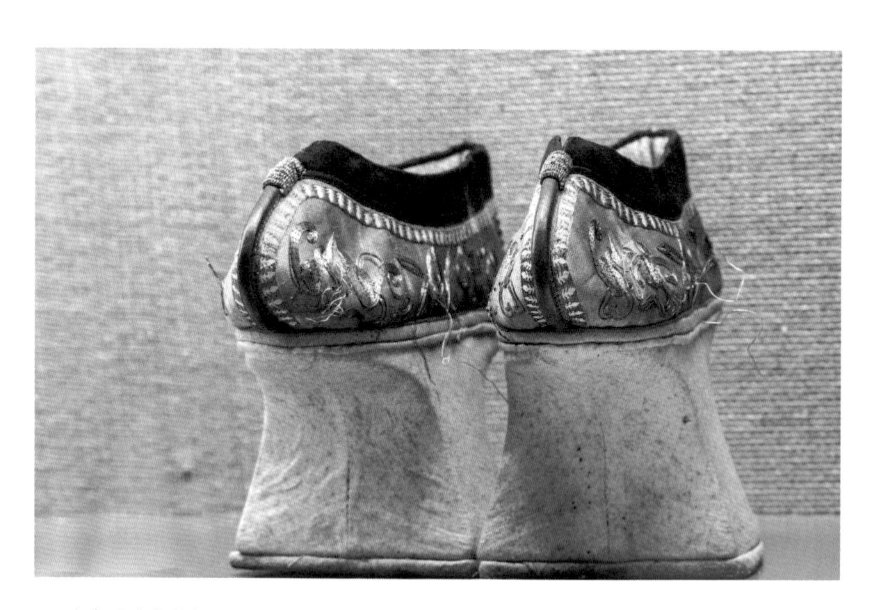

盘金绣花盆底鞋

贵重的身份，极好地展示出优雅、华贵的气质。

慈禧太后就特别喜欢穿花盆底，最爱用串起来的玉石珠了以及珍珠等宝贝来装饰。

谁发明了花盆底

造型独特的花盆底从何而来呢？这其中有着不同的说法，传说满族的先民为了夺回被敌人抢占的城池，需要渡过一片很大很深的泥塘。直接趟过去，不仅会沾上一身泥，而且被泥糊住的裤子、鞋子也不利于行走，更别说打仗了。后来，人们把鞋子绑在树杈上，像踩高跷一样，顺利渡过泥塘，夺回了属于自己的城池。为了纪念这场胜利，妇女们开始制作这种高脚木鞋，时间久了高脚木鞋逐渐演变成了“花盆底”的样式。还有一种传说，满族妇女上山采野果和蘑菇时，为了防止蛇虫的咬伤，会在鞋底下绑上一块厚木块，抬高脚面。究竟花盆底的起源是什么，今天我们已不得而知。

PART 04

玫瑰胭脂与大拉翅

如果说清代精致华美的旗袍，要有一双高挑的镶嵌着珍宝的花盆底搭配才算完美，那么与之搭配的发型、发饰和妆容同样也能为旗袍增光添彩。

别具一格的清代女子发型

在清宫影视剧里，贵女们常常竖着高高的夸张发型，看起来像一片插满花朵和珠花的黑色大平板。其实，清代女子的发型最开始并没有这样夸张。她们把头发缠绕在一种叫“扁方”的东西上，将发型支起来。“扁方”是用各种香木做成的，有的采用名贵的玳瑁、金、玉等材质制作。人们把一部分头发缠在长条状的“扁方”上，然后在“扁方”的两端装饰丝线或串珠做成的流苏穗子，剩余的头发则梳成燕尾状放在脑后，这样的头型被称为“一字头”“把儿头”或者“两把头”。

到了19世纪末，随着旗袍的款式、图案越发丰富，发型也愈发高耸夸张，这时的“扁方”摇身一变成了一种看起来像大牌子的夸张假发髻，

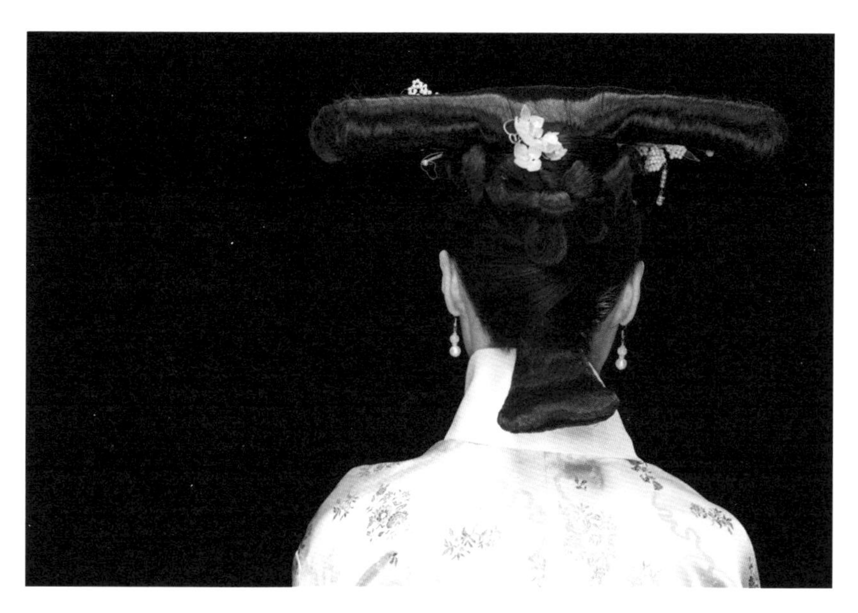

〤 一字头

为了与头发融为一体，通常用黑色的绸缎、绒布或者纱质材料做成，可以直接戴到头上。脑后的燕尾状发式也变得更有造型感。一个正常人的发量很难制作出这样的造型，于是人们就用假发替代。假发做出的“燕尾”更长，几乎贴到后领口。这种结合真假发髻梳成的夸张发型叫“大拉翅”，也叫“达拉翅”或者“大京样”，是当年旗袍的标配发型，大概也只有这样极具造型感的发型才配得起旗袍的华贵精致。

“大拉翅”上通常会有花朵、发簪、发钗以及步摇作为装饰。这些装饰品采用各式各样的名贵金属和珠宝制作而成，制作工艺巧夺天工、造型别致，彰显佩戴者的身份和地位。点翠是其中的代表性工艺。

点翠，是一项中国传统的金银首饰制作工艺，将中国传统的金属工艺和羽毛工艺相结合。用点翠工艺制作的首饰色彩艳丽，光泽度极佳，也因此成为历代帝王服装和皇后凤冠的必用工艺之一。

制作点翠首饰时，工匠会把翠鸟碧蓝色的羽毛修剪下来，然后镶嵌在金属打造的图案底座上。整个镶嵌过程需要凝神静气，用镊子把细小柔软的羽毛排列在带有明胶的金属底座上，羽毛的走向一丝一毫都不能错乱。

翠鸟不同部位的羽毛质地和颜色不同，在做点翠首饰时，用翠鸟翅膀以及尾部较硬羽毛制作的点翠叫“硬翠”，用翠鸟脖子周边以及背部细软羽毛制作的则叫“软翠”。在点翠所用的羽毛中，翠蓝色和雪青色的翠鸟羽毛最为名贵。

宋代的传统工艺“铺翠”就是“点翠”工艺的前身。当时，用铺翠服饰已成时尚。宋代都城内从事铺翠行业的店铺不下百家，翠鸟羽毛价钱也一涨再涨，无数翠鸟被捕杀。据《续资治通鉴长编》记载，有一次，宋太祖赵匡胤非常宠爱的女儿永庆公主穿了一件贴绣铺翠的短袄，宋太祖很生气，认为这种奢华的衣服一方面容易助长宫里宫外的奢侈之风，另一方面也会造成大量翠鸟被捕杀，涂炭生灵。公元972年，赵匡胤下令禁止铺翠。

清代金累丝嵌珍珠宝石五凤钿

✕ 明孝端皇后凤冠

不过明清时点翠仍然是人们喜爱的工艺，屡禁不止。定陵出土的明孝端皇后的六龙三凤冠和九龙九凤冠，以及孝靖皇后的三龙二凤冠和十二龙九凤冠，更是把点翠工艺展现到了极致。这四顶凤冠通体的点翠中装点着上百颗红宝石和几千颗珍珠，一经面世就惊艳世人。

点翠工艺在清康熙、雍正、乾隆年间达到顶峰。清代宫廷中的发饰当属点翠的最精美，翠羽和珠宝镶嵌在黄金发饰上，羽毛艳丽的蓝色搭配华贵的黄金色堪称完美，其间珍珠、宝石闪烁着天然的光芒，不禁令人惊叹，“此物只应天上有。”当时的宫廷点翠首饰，为了追求颜色变化，甚至会从多种翠鸟身上选取羽毛。一支小小的点翠金簪，可能需要数只甚至十数只翠鸟的羽毛。取用翠羽虽然不用杀死翠鸟，却会对翠鸟造成非常严重的伤害，被取过羽毛的翠鸟往往很快死去。

乾隆皇帝的孝贤皇后朝服像：朝冠下戴的额饰就是金约，朝服的袖口是马蹄袖

清末民初，因翠鸟几乎绝迹，点翠工艺逐渐被烧蓝工艺代替。1933年，中国最后一家点翠工场关闭，如今翠鸟更是被列为《世界自然保护联盟濒危物种红色名录》的保护鸟类，一些新材料取代了鸟羽，成为点翠工艺的新材料，传承传统工艺的同时，也成全了翠鸟的生命之美。

清代宫廷的发饰有很多种，比如簪子、流苏、扁方和用于束发的金约，还有一种极美的帽子叫钿子，是清代特有的头饰。钿子成簸箕形，制作工艺复杂，先用丝线缠绕藤丝或铁丝后编制成网状素胎，再在上面装饰各种珍宝珠花。这些头饰不仅工艺精湛，上面的图案还被人们赋予多种美好寓意，比如“吉庆有余”“福禄寿三多”等等。

要说清代哪个女人的珠宝首饰最多、最讲究，那肯定还是慈禧太后。曾经有人估算，她的珠宝价值达8亿之巨，发簪、步摇等数不胜数，每一件都是工匠用心打造的精品之作。据说慈禧太后有一只发簪是由整块碧绿色的翡翠精雕细琢而成的，从工艺到材质都无可挑剔，这是她所有饰品中最为经典的一个，一抹碧色挽青丝，浑然天成。

清代女子的美妆养发秘诀

别致的发型和发饰是旗袍的绝配，精致的妆容更不可少，清代女子的妆容也很特别，皇宫里的女子更为讲究。她们喜欢用一种加入珍珠粉的香粉，再配上玫瑰胭脂。

小小的玫瑰胭脂制作起来却很花心思。因为每朵玫瑰花的颜色都不一样，会有深浅差异，所以制作玫瑰胭脂的时候，要精选色泽一致的玫瑰花瓣放入器皿里碾成浆汁，并过滤掉多余杂质，再把白蚕丝做成的软饼浸泡在玫瑰花汁里五六天，然后取出晒干，如此就做成了风靡后宫的玫瑰胭脂。胭脂抹在面颊，白皙的肌肤上一抹玫瑰红，让旗袍佳人更加楚楚可人。

清代美人养发也有自己的一套秘诀。据说清宫中流行一种用核桃仁、松子仁、榛子仁、瓜子仁、花生仁做成的“五仁糕”，不仅味美，坚果的营养还可养发。梳头更有讲究。为了打造精美发型，宫妃们通常会有整套大小形状不一的梳子，这些梳子有象牙的、黄杨木的、玳瑁的……上面还雕刻有别致的花纹。除了梳子，还有一种齿极为细密的篦子，主要是用来清洁头发。因为古人不会每天洗头，为了保持清洁，宫妃们会用中草药、鲜花以及各种香料碾磨成的细粉倒在头发上，按摩片刻后，用篦子轻轻篦去，以此起到清洁护发的效果。如果要润发，她们则会用到头油。头油是从天然植物中提炼出的，当时最常见的有薄荷油、檀香油、桂花油等。将头油梳在秀发上，头发顷刻变得柔润有光泽，还散发出怡人的清香。

慈禧太后就很爱惜自己的头发。有一次，太监李莲英给她梳头时梳掉了几根头发，当时就被责罚。后来李莲英为了讨太后欢心，到处寻找养发秘方，最后太医李德裕和其他太医们精心研制出了一款养发固发的“香发散”，深得太后欢心。

PART 05
满汉女子服饰文化并存的美好

清代穿旗袍的一般都是满族女子或者满汉官员家眷，那么平常汉族女子穿什么呢？满族入关建立清王朝后，命令汉族人剃发易服，强制性的命令引起了民众不满。为了缓和民众关系，清朝统治者采取了“十从十不从”的制度，这个制度里有很多都是关于服饰的，其中一条是“男从女不从”，规定满、汉的男子都需要穿着旗装，汉族女子则不必，所以大部分汉族女子的服饰延续了明代上衣下裙的款式。

灵秀的汉女衣裙

满族女子的旗袍很精美，而汉族女子的上衣下裙也别有一番味道，她们全套的上衣从内到外通常会有肚兜、贴身小袄、大袄、坎肩、披风。肚兜是一种贴身内衣，只有前片，没有后片，前片的上方由带子系在脖子上。贴身小袄则韵味十足，大多采用颜色艳丽又柔软的面料。外面的大袄根据季节不同，材质也不同，大都是右衽大襟，长度通常到膝盖以下。坎

上衣下裙

肩则只在天凉时添加。披风是外出的必备单品，很多大家闺秀的披风极为讲究，上面有五彩夹金线绣的精细图案，有时还会把珠宝缝制在上面。

不仅上衣讲究，汉族女子的下裙款式也是让人眼花缭乱。当时的下裙多为盖住鞋面的长裙，以红色为贵，在裙身以及裙褶上可做的文章非常多。据说有一种裙子，每一个裙褶中都有变化多样的色泽，特别像每月十五月圆时月光晕染在夜空上的五彩光华，所以叫作“月华裙”。另有一种裙子，裙身由无数细褶构成，裙摆上用丝线绣满水纹图案，走起路来有波光粼粼的视觉效果，宛若凌波仙子，因此得名“鱼鳞百褶裙”。

还有一种神奇的“弹墨裙”更是制作巧妙。人们先用弹墨的方法把浓淡相宜的墨色弹印在浅色布料上，再将这种印有别致墨色花纹的布料做成衣裙。弹墨裙质朴中透着灵秀的气韵，别有一番东方水墨意境之美。另外一款经典的“凤尾裙”，先把绸缎做成若干缎带，在每一条缎带上绣花卉鸟兽图案，再在缎带两边镶上金线，然后用线把每条缎带连接，看起来形似凤尾，故得名“凤尾裙”。同样是用绸缎做成带子装饰裙子，另一种“叮当裙”的别致之处在于，人们把金银铃铛缀在剑状的裙飘带上，走动时，飘带发出叮叮当当的清脆声响，因此而得名。

满汉服饰文化的融合

文化有一个很神奇的特性，就是当不同的文化触碰在一起时会发生微妙的“化学反应”，相互融洽。虽然满、汉女子的着装各有千秋，满族入关后，随着满汉文化的融合，满族女子的袍服逐渐受到汉族女子服装风格的影响，也开始逐渐发生改变。例如，汉族衣袖常常呈现宽大飘逸的效果，旗袍的袖子后来也渐渐由窄变宽。

当旗袍的袖子越来越宽，为了彰显满族的统治地位，清朝廷在嘉庆十一年（1806年）下谕："倘各旗满洲、蒙古秀女内有衣袖宽大，一经查出，即将其父兄指名参奏治罪。"嘉庆二十二年（1816年）又下谕："至大臣官员之女，则衣袖宽广逾度，竟与汉人妇女衣袖相似，此风渐不可长。"

汉族妇女服饰的宽大袖子

尽管清朝廷对此现象三令五申，但仍然屡禁不止。

传统的汉族服装，衣襟通常是右衽，而北方少数民族一直采用左衽，清朝初期，旗袍就已经普遍采用右衽的形式了，至于这是什么时候，以及为什么从左变成右，已无从得知，但可以肯定的是汉族服饰文化深深影响着旗袍的外貌。

PART 06
袍服与旗袍的前缘

作为中国传统服装中非常重要的品种，直腰身、过膝长，男女皆可穿的袍服式样几乎贯穿中国古代服饰史，也成为清代旗女袍服的前身，最终在19世纪30年代发展出中西服饰风格融洽的产物——旗袍。

先秦袍服，旗袍的前生

先秦时期的《诗经·秦风·无衣》里就有“岂曰无衣？与子同袍”的句子，这首表现秦地人民抵抗西戎入侵者的军中战歌，将袍服指代为同宗同族的同袍情谊，可见袍服这种形式的衣服在当时已经是人们日常的服装样式了。不仅如此，当时军中将领作战也穿袍服。可见军中可以穿袍服的都是身份和级别较高的人。

军中穿着袍服的习惯其实还有其他证明，比如秦始皇兵马俑中的一部分兵俑像上能清晰地看到秦时袍服的样子。这些穿越千年的兵俑们呈现了那个时代军队的样貌和穿着习惯。不过，秦代袍服不是直接穿在外面的，

兵马俑中穿夹棉絮的袍服的兵俑

它其实是一种内衣，外面还需要再穿上外衣。《礼记·丧大记》中就记载“袍必有表”。

当时作为内衣的袍服并不是我们现在穿的质地单薄的内衣，而是一种夹絮的衣服。有人认为袍服里夹的絮是棉絮，然而并不是。因为棉花直到宋代才出现。当时，秦代袍服所夹的是一种丝棉絮，也就是一种丝制品，夹着丝棉絮的袍服有着强大的御寒功能。

秦代袍服的廓形除了上下连身以外，通常没有收腰，下摆长度及膝，腰间系有腰带，交领设计，且有宽大的双襟，下摆没有开叉。很难想象，线条玲珑、女性化十足的旗袍竟然与秦朝风格粗犷的厚袍服有着千丝万缕的联系。

袍服的华丽转身

到了东汉，袍服发生了颠覆性的变化，由内衣变成了外衣，还被定为正式的礼服，夹有丝棉絮的厚袍服也渐渐变成单袍，而且男女都可以穿。当袍服变成了外衣以后，其设计感、美观度也在不断增加。人们不仅在袍服的领口、袖口、衣襟等地方加上宽贴边，还把颜色丰富的精美绣花点缀其上，袍服因此越来越受人们喜爱。

《后汉书·舆服志下》中写着：“公主、贵人、妃以上，嫁娶得服锦绮罗縠缯，采十二色，重缘袍”。由此可见，当时有身份的女子婚嫁时常常会选择身着做工华丽的袍服。普通人家的女孩子婚嫁也会选择袍服，只是色彩和装饰上不及贵族们的华美，质地上也有一些区别。

2006年，考古专家们在四川省资阳市的一个建筑工地发现了一座东汉古墓，经推测这是东汉时期一位身份显赫的官员的墓。这座古墓里面发掘出了一辆保存十分完好的青铜马车，2米多长、1米多宽，马车上跪坐着一位神态严肃的驾车男子。驾车男子穿着东汉袍服，袍服的线条简洁大方。

建造于东汉初年（公元1世纪左右）的孝堂山石祠是中国现存最早的东汉画像石祠堂。石室内的三面内壁、三角石梁上皆有浅浅刻画像，描绘的是当时人们朝会、拜谒、出游、狩猎、百戏等场景，清晰地呈现出东汉时期人们穿着袍服的模样。

另外，著名的马王堆汉墓出土文物也向后人们展示了汉代袍服的形制。这里曾经发掘出五个乐俑，身差右衽袍服，2个吹竽、3个鼓瑟，形态各异、栩栩如生。

古墓的墓主是西汉初期长沙王丞相利苍的妻子辛追夫人。从陪葬品来看，辛追夫人身份显赫，享尽荣华富贵。比陪葬品更惊人的是，后人在墓中发现的辛追夫人遗体竟然保存完好，这让当时在场的考古人员很是惊叹，历经数千年的她成了名副其实的“东方睡美人”。

在辛追夫人的丰厚陪葬品中有12件保存完整的衣服，全都是交领右衽的袍服，每件都有不同的纹理和颜色，其中一件朱红色袍服，历经千年依旧颜色艳丽。还有一件衣服的图案是手绘的。这种手绘工艺叫作“敷彩”。

这些出土的衣物足以证明，墓主人生前非常喜爱袍服，而且袍服的工艺都十分考究。与这些袍服同时出土的还有一件素纱禅衣，薄如蝉翼，重量只有49克。这种透明的衣服是在什么情况下穿呢？很多人猜想，因为辛追夫人喜爱华美的袍服，曾把这种素纱禅衣罩在袍服外面。袍服上的花纹在半透明的薄纱下若隐若现，呈现一种朦胧的美感。

隋唐时期，袍服盛行。唐太宗曾下诏，除元旦、冬至的大朝会以及大

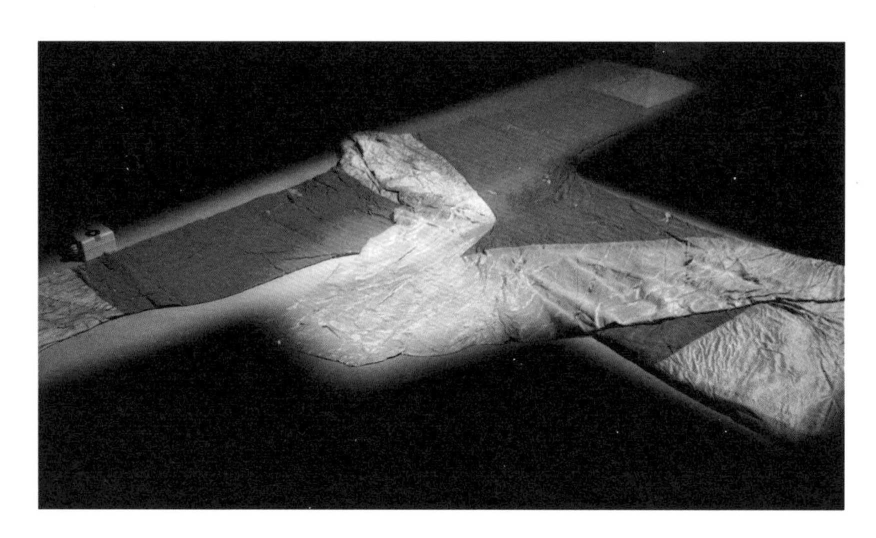

※ 马王堆出土的朱红色袍服

※ 马王堆出土的素纱蝉衣

祭祀以外，大家都要穿着袍服，从此袍服和人们的日常生活更加紧密。当时的交领大袖直裰式袍服传入日本，成为日本和服的参照式样。

宋代，袍服的样式得到了更大的发展，制作袍服的面料也更为丰富，不同轮廓的袍服层出不穷，比如衫袍、大袍、窄袍、靴袍、直身袍等，这时还出现过一种适合夏季穿着的纱袍，被叫作“纱公服”。这种纱袍质地轻盈透明，穿着十分凉爽，流行一时。

2016年，考古专家在浙江黄岩的一座南宋皇室墓穴中，发现了一件交领莲花纹亮地纱袍。纱袍上织满清雅的莲花纹样。宋代崇尚质朴婉约的自然美，这种对自然素雅之美的追求在这件袍服上也得到了充分的展现。

元朝是中国历史上首次由少数民族建立的大一统王朝，建立了元朝的蒙古族，无论男女都穿袍服。少数民族所穿的袍服和中原地区有所不同，通常为左衽。男子袍服长至膝盖以上，女子袍服长至脚踝。穿着袍服时，他们还会搭配上腰带和长靴。后来，蒙古传统袍服里逐渐融入了汉族服装的元素。

1998年，陕西蒲城洞耳村发现了一座元代壁画墓。壁画的中心是一幅《堂中对坐图》。图中墓主夫妇二人对坐在一扇屏风前，男主人身边站着一位留着婆焦发式的少年，女主人旁边站的是一位梳辫发的侍女。从画中四个人所穿的服装上可以看到当时蒙、汉服饰文化融合的痕迹。墓主夫妇都穿着交领左衽束袖袍服，男主人的袍服盖过膝盖，腰间系着宽腰带，脚上穿着靴子，女主人的袍服呈红色，长度至脚面，左衽、束袖的样式以及搭配腰带靴子穿着的方式是蒙古族人穿袍服的标准样子，而两位墓主身边站着的侍者和侍女，从婆焦和辫发的发型看，他们和墓主同是蒙古族人，但从衣服来看，侍者穿着的也是交领左衽袍服，搭配着细腰带和靴子，但袖子略宽松，融合了汉族宽松袖子的样式，侍女则穿的是汉族样式的服装，

古代袍服

上身穿着短襦和半臂，下身穿的是齐地长裙。

到了明朝，明太祖朱元璋以“上承周汉，下取唐宋”的原则制定了一套服饰制度，恢复了汉族的各种习俗，尤其穿着打扮上相较元朝有了很大变化，衣服样式中都带有唐、宋时期的影子。

明代女子大多穿着上衣下裙的款式，其中有一种外衣叫“比甲”，是一种没有袖子和领子的对襟马甲，两侧开叉、长度至膝盖以下的比甲源于宋朝。明代袍服有大袍、对襟袍、盘领右衽袍、衬褶袍等样式，贵族妇女的袍子通常以大红色、鸦青色以及黄色为主，上面用金线绣制图案，看起来很是华美。

到了清朝，带着满族服饰特点的旗女袍服的制作工艺达到了一个崭新的高度。袍服在经历了历朝历代，以及不同地域人们的悉心改良后，演绎成了清代旗女身上精美绝伦的袍服，而后至民国时期，最终蝶变成风情万种的现代旗袍。

PART 07
袍服的江湖

作为中国延续数千年的传统服装式样，袍服分为龙袍、官袍、民袍等。

龙袍自然是皇帝专用的袍服。每个朝代对龙袍的样式、颜色、细节的要求会有不同。就清朝来说，人们常说的龙袍是指皇帝的吉服，通常是黄色，以明黄色为贵，上面绣有九龙图，代表至高无上的皇权。吉服一般是皇帝在年节庆典上穿的，而另一种袍服是皇帝一生穿着频率最高的，用于日常办公和一些庄严正式的场合，这就是常服。早在唐宋时期，皇帝们的常服就已经是袍服式样了。

龙袍的制作非常讲究，每个细节都有严格要求。《清史稿·志七十八·舆服志》中记载："龙袍，色用明黄。领、袖俱石青，片金缘。绣文金龙九。列十二章，间以五色云。领前后正龙各一，左、右及交襟处行龙各一，袖端正龙各一。下幅八宝立水，襟左右开，棉、袷、纱、裘，各惟其时。"

龙袍的制作十分复杂、精细，一件就需要花费万金，以及近400天的时间。《天工开物·乃服·龙袍》中记载了明代皇帝龙袍的制作过程："凡上供龙袍，我朝局在苏、杭。其花楼高一丈五尺，能手两人扳提花本，织来数寸即换龙形。各房斗合，不出一手。赫黄亦先染丝，工器原无殊异，但人工慎重与资本皆数十倍，以效忠敬之谊。其中节目微细，不可得而详

※ 穿龙袍的雍正皇帝画像

考云。”龙袍由设立在杭州和苏州的织造局负责制作，因为当地有全国品质最好的蚕丝。织龙袍的织机高四米多，每台织机需要两个织手配合进行织布，而且每前进几寸就要变换龙形图案。一般都是几台织机同时织造，才能完成所需的所有面料。所有丝绒都要先染成红、黄两色，为达到最理想的色彩效果，更是不惜成本。

官袍是官员们的专属，不同级别的官员的官袍又有所区别，从官袍的纹样和颜色可以判断出一个人的官品级别。一代女皇武则天曾命令官员穿绣袍，文官袍服绣有禽类图案，武官袍服则绣有兽类图案，后来各个朝代也有自己区分官员等级的官袍纹样。

明朝时期，官袍上开始出现“补子”。“补子”是指官袍前胸、后背上一块四五十厘米见方的绸缎，上面织绣着区分官品的不同图案。“补子”的刺绣都极其精美。精贵的盘金绣就常被使用其上。盘金绣之所以精贵，一方面是因为绣制用的是金线，另一方面因为它的绣法很考验手艺。刺绣时，绣娘要用金线盘绕成图案，每隔一小段再用线固定一下，整个绣制只能用一根完整的金线，断线和接线都大大影响效果。盘图案的时候，金线不能稀疏，需要紧密的排列盘绣。

除了刺绣，工匠还会以织锦和缂丝的方式把图案做到补子上去。补子的工艺足以证明，明代官袍是一种工艺很讲究的衣服。明代文官“补子”上有双禽图案，武官的则是单兽图案。

清代官袍上也有补子，但不如明代补子华美。清代官袍的补子如果绣着鹤，说明是一品文官。清代等级最高的武官官袍则绣着麒麟图案。麒麟

武官官袍上的补子

是传说的瑞兽，古人觉得有麒麟出现的地方一定充满了祥瑞。另外，麒麟虽身具神力，却从不伤害其他生灵，因此麒麟图案用于武官官袍也象征着“设武备而不为害”的品质。

民袍是普通百姓的日常服饰，工艺自然远不如龙袍、官袍讲究，但因为袍服穿着很方便，所以深受老百姓的喜爱，逐渐替代了曾在百姓中风靡一时的深衣。深衣也是上衣和下裳连在一起的通体款式，不过深衣常常是上衣、下裳分开裁剪，然后再缝合在一起，而袍服的衣身是用布裁成的整片。

由于生活在不同地区的人们生活习惯不同，袍服展现出来的形态也有所不同。中原地区的袍服有一种大袖翩翩的飘逸感，衣身也相对宽松，而北方少数民族地区的人们需要策马扬鞭，袍服款式就需要更合体，袖子也是窄袖。这种干练的造型特别适合日常骑射，入关前满族人所穿的袍服就有这样的。

清代官员的官袍

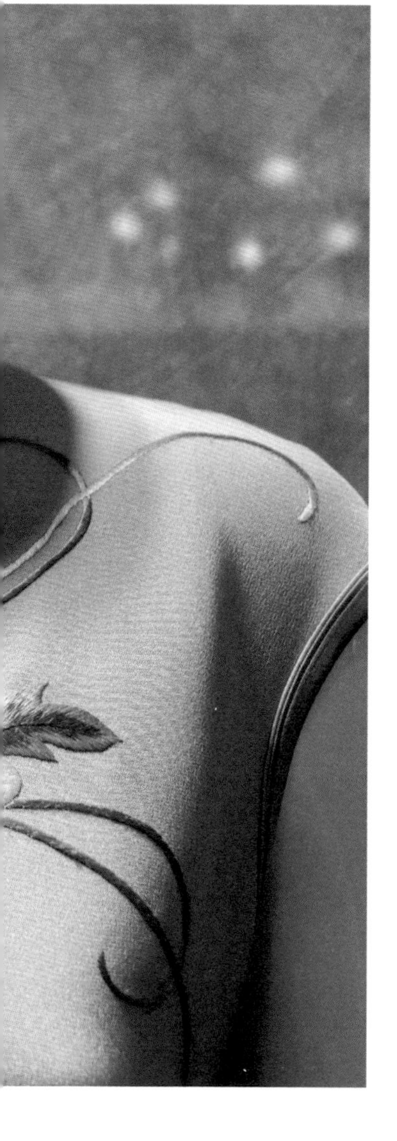

第二章

旗袍的破茧成蝶

19 世纪末至 20 世纪初，随着西方民主思想一起进入中国封建王朝的，还有西方的生活方式、服饰审美，“西学东渐”对中国延续数千年的文化产生了前所未有的冲击。也正是在这种背景下，融合了中西服饰风格的旗袍诞生了。中国女性的服装样式开始从传统保守向时髦新颖过渡。

旗袍　中西合璧的服饰文化

PART 01
从袍服到旗袍的蜕变

人类的服装像一面镜子，反映着地域文化特征，也像一个风向标，跟随着时代发展的风向不停地转动。19世纪末20世纪初，中国女性服装袍服到旗袍的巨大蜕变就得益于服装对时代、文化的感知力。

晚清宫廷旗袍的刺绣、绲边等装饰工艺达到了登峰造极的程度。皇宫贵族们的每一件旗袍制作起来都需要耗费大量的时间和精力，材料更是价值不菲。据说，慈禧太后60大寿，光是衣服制作这一项就花费23万余两白银。

1840年至1842年，英国对中国发动了第一次鸦片战争，正式拉开中国近代史的序幕。鸦片战争以中国的失败告终，中英双方签订了中国历史上第一个不平等条约《南京条约》，之后中国进行了赔款、割地，从此沦为半殖民地、半封建社会。西方列强不仅用炮舰敲开中国的大门，掠夺中国的资源，也在某种程度上将中国强行拉入近代世界，打破中国长期的闭关锁国状态，逼着中国人民不得不睁眼看世界。

很多思想进步的爱国青年面对国家的衰落、人民的疾苦，纷纷迈出国门学习先进的思想和技术，探求富国强民的方法，这一切都为东西方文化的融合创造了机会和条件。服装作为时代文化的风向标也开始发生了改变。

新旧时代冲击下的服饰变革

19世纪末20世纪初，西学东渐，中国社会从上到下都在经历着剧烈变革，从政治制度到经济模式，从思想文化到日常生活。一场顺应时代风潮和追求新思想的服饰变革“剪发辫，易服色”的运动开始了，旗袍改革之风也正在酝酿。1911年，清王朝终于走到尽头。1912年，中华民国成立。清朝的旗女袍服逐渐成了遗老遗少的标志，女子的妆容和发型也在简化，曾经是旗女袍服完美搭配的“大拉翅”悄然绝迹。

这时候，上衣下裙的款式风行一时，听起来简单的上衣下裙，其实款式多变，光是上衣的门襟就有对襟、琵琶襟、大襟、直襟、斜襟、一字襟

清末民初的贵族家庭

等，上衣式样分别有袄、衫、背心等。裙子的流行款式更是一直在变化。一种黑色长裙尤其受到追捧，素雅大方的气质特别符合当时回归质朴简洁的服装品位。这个时期，男子服装改变进程大大领先于女子，长衫、马褂成为这时男子最喜欢的服装。受西方文化影响，一些男人开始尝试西服、礼帽。在民国初期的服装新风貌中，清朝旗袍逐渐消失在大众视线里，但暂时的退场并不代表被遗忘，中西文化的交融早已为旗袍日后的华丽转身埋下了一粒即将开花的种子。

PART 02
旗袍初露尖尖角

1919年5月4日，五四运动成为中国新民主主义革命的开始，也是一次彻底的反帝、反封建的爱国运动。五四运动提倡热爱祖国、积极创新、探索科学的爱国主义精神，也就是对中国历史影响深远的“五四精神”。

在这场运动的推动下，各种时代新精神在大众心里注入了一股新思潮，人们开始大胆尝试，打破固有思维，并真正开始接纳新的思想观念。曾经禁锢在封建思想中的女性也开始转变观念，这种转变从最日常的穿衣打扮开始。旗袍，成为这一时期的时尚焦点，受到广大女性的青睐。

新思潮下，袍服有了旗袍的影子

以崭新面貌出现在大众视野的袍服其实改变并不算很大，整体上保持了晚清较为宽松的长袍轮廓，但时下崇尚的简约之风也被完美地体现，那些耗费大量时间的繁复工艺和装饰被大幅度简化。少了华丽繁琐装饰的新式袍服，隐约有了真正旗袍的影子，如同一阵清爽的风吹入了大众生活。

袍服被简化的不只有繁复的装饰工艺，一些局部细节也在新的审美潮流中发生了变化，原本宽大的袖子被收紧、变短，袖子的长度首次缩短到手腕以上，这让女性白皙的手腕率先从袖筒中解放出来。真正意义上的旗袍诞生了。

旗袍作为被重新青睐的流行女装，据说是由几个上海女学生引领的潮流。她们的旗袍采用朴素的蓝色布料，年轻的笑颜在简洁朴素的旗袍映衬下格外朝气。穿蓝布旗袍的女学生成了街头的一道别致风景，引来无数效仿。

说起蓝布制作的旗袍，不得不说一说这种蓝色布料的故事。20世纪20年代，国货之风一度高涨，众多国货产品中一种叫作“阴丹士林”的布料

╳ 穿旗袍的女学生

民国早期的旗袍样式

特别受推崇，时下最红的明星们也纷纷来为它代言，影后胡蝶更是“阴丹士林”的形象代言人。胡蝶本人与广告语“阴丹士林色布是我最喜欢用的布料”同时出现在巨幅的广告牌上。“阴丹士林”其实是印度有机合成染料的名称，用它染出的布料就是民国时期流行的阴丹士林布料。这种优质染料不易掉色，染料颜色多种多样，但以蓝色布料效果最佳，所以“阴丹士林”几乎成了蓝色布的代称。

关于旗袍在民国时期的流行，张爱玲在散文《更衣记》里写道：

╳ 阴丹士林蓝色布的广告画

“一九二一年，女人穿上了长袍。发源于满洲的旗装自从旗人入关之后一直与中土的服装并行着的，各不相犯，旗下的妇女嫌她们的旗袍缺乏女性美，也想改穿较妩媚的袄裤，然而皇帝下诏，严厉禁止了。五族共和之后，全国妇女突然一致采用旗袍，倒不是为了效忠于清朝，提倡复辟运动，而是因为女子蓄意要模仿男子。在中国，自古以来女人的代名词是‘三绺梳头，两截穿衣’。一截穿衣与两截穿衣是很细微的区别，似乎没有什么不公平之处，可是一九二〇年的女人很容易地就多了心。她们初受西方文化的熏陶，醉心于男女平权之说，可是四周的实际情形与理想相差太远了，羞愤之下，她们排斥女性化的一切，恨不得将女人的根性斩尽杀绝。因此初兴的旗袍是严冷方正的，具有清教徒的风格。”

PART 03

中西服饰文化的不期而遇

20世纪20年代末，随着西方文化和先进技术的注入，中国的服装风格与面料织造深受西方影响，发生了一系列质的变化。中西服饰文化在特殊历史时期的不期而遇，给古老的中国打开了一扇窗。

17~18世纪的西方艺术先后经历了巴洛克风格和洛可可风格，其中，“巴洛克”源于葡萄牙语，意思是“不合常规”或者“变形的珍珠”，有着勃勃生机、庄重高贵又不失豪华气派的风格；“洛可可”原意是“由贝壳或小石头制成的装饰物”，是一种华美、精致、轻盈、细腻，略带些甜美的风格。这两种艺术风格对当时的西方服饰风格产生了巨大影响。自从有了服装时尚这个概念，服装的走向一直在寻找着某种平衡状态，比如服装的造型始终在繁与简、合体与宽松、立体与平面之间交替往复。

巴洛克风格

巴洛克时期是西方艺术史上的一个时代，主要盛行于17世纪。巴洛克时期的服装可分为两个阶段：荷兰风时代和法国风时代。

16世纪末，原属西班牙领地的尼德兰经过长期革命，最终在1609年摆脱了西班牙的统治，率先建立了欧洲的第一个资本主义国家——荷兰共和国。独立后的荷兰经济快速发展，成为欧洲强国，这自然也成就了荷兰作为17世纪前半叶引领大众服装潮流的中心地位，因此1620~1650年这一段时间的审美着装风格被称为“荷兰风时代”。这个时代流行三种东西：长发、蕾丝和皮革，在英文里分别是“Longlook”“Lace”“Leather”，所以又称为“3L时代”。

“荷兰风时代”的服装摒弃了文艺复兴时期西班牙风夸装的人工造型美，回归一种自然柔和的轮廓。比如，曾经西班牙风流行过一种形似车轮的“拉夫领”，其实是独立于衣服以外单独的领子。做一个拉夫领需要用掉4米布，还要用浆糊给布做定型。后来，这种领子的造型被越做越大。到了荷兰风时代，夸张的“拉夫领”被取消了。另外，西班牙风女装喜欢用裙撑把裙子撑起，以突出线条美，荷兰风的女装卸下裙撑，让裙摆自然垂下。西班牙风男装为了追求造型感，常在肩部、胸部、腹部、袖子以及裤子里加填充物。有一种短裤加上填充物后，鼓得形似南瓜，是当时非常流行的男裤式样。荷兰风时代的男装取消了填充物。很明显，荷兰风时代的服装一改过去贵族追求的奢华风格，转而崇尚实用、节俭的风格，有人说这一时期的服装是现代服装的鼻祖。

进入17世纪后半叶，法国路易十四推行绝对主义的中央集权制和重商主义的经济政策，法国随之崛起。与此同时，时尚中心转移到了法国，法国时装成了人们最心仪的装束，法国风时代就此开启。法国风时代一改荷兰风时代节俭的服装风格，崇尚华美。有一个人对当时的穿衣潮流起了很大作用，他就是“太阳王”路易十四。路易十四提倡艺术创作，建造了

文艺复兴时期的女性服饰

╳ 西方绘画作品中的巴洛克风格服饰

金碧辉煌的凡尔赛宫，生活奢靡，服装方面极尽讲究。据说他还会以相当新颖的方式指导人们日常的吃、穿、住。当时巴黎有个“潘多拉”盒子，每个月用这个盒子装上巴黎最流行的时装运送到欧洲其他国家，供人们参看，以便对大家的着装和消费做出指导。一本叫《麦尔克尤拉·嘎朗》的杂志会把法国宫廷里最时髦的时装信息及时传播到各地。“潘多拉”盒子和时装杂志就是当时的时尚“推手”，巴黎就这样被推到了世界时装发源中心的地位。

荷兰风时代和法国风时代的服装风格共同组成了巴洛克时期的服装风格。总的来说，巴洛克时期不管男人还是女人都很喜欢用缎带来做装饰，衣服、帽子、鞋子都会用上缎带，男装在这一时期的发展程度不亚于女装。

尤其法国风时代时，男装会用很多质地华美的面料来制作，比如天鹅绒、织锦缎等，在光泽华美的面料上还会用金银线做装饰，讲究的连扣子也采用名贵的金属和珠宝制作，尽显奢华。而女装多用缎带装饰，袖子常

18世纪初的巴洛克风格服饰

点缀蕾丝等精细的装饰材料。为了凸显女性曲线，紧身胸衣必不可少，后来还出现了让女性的线条更加立体的臀垫。不仅如此，穿两层裙子的女人们还会把外面一层裙子卷在臀后，提升腰臀的线条感，身后则拖着长长的裙子下摆。有时她们也会用缎带把外裙固定在裙身两侧，让里面的精美的衬裙自然露出来。

很显然，西方的传统服装更讲究立体化的线条美，这种立体的曲线在中国传统服装里从未出现过，这也成为日后中西方服装文化的一大融合点。其实，中西方文化的融合一直都存在，在巴洛克向洛可可过渡的时期，西方国家曾经流行过一阵东方风格，中国的丝绸以及色调备受当时人们的青睐，人们甚至在一些蕾丝和装饰的缎带上做上东方风格的纹样。

洛可可风格

18世纪，随着新兴资产阶级的不断发展，法国出现了资产阶级沙龙文化。这是一种新的社交活动，极大地影响了18世纪的文化，洛可可的风格与样式就是从中衍生而来的。洛可可风格盛行于路易十五统治时期，大约开始于1715年路易十四逝世后。洛可可风格保留了巴洛克风格复杂的形象和精细的图纹，但是更加轻快纤细、美而优雅。巴洛克时期的服装是以路易十四的宫廷风为风向标的，是一种气派豪华的男性格调，而洛可可时期的西方服装则以女性为中心，是一种优雅细腻的风格。

洛可可时期的男装更注重线条美，收腰线的同时，下摆还加入了马尾衬、鲸须或者硬麻布，让臀部的衣摆向外呈波浪状外张的造型，腰部线条也因此更加明显，浅色的缎面被大量使用，扣子比巴洛克时期更精致，各种名贵宝石做成的扣子十分流行，有时候一件衣服上的扣子比衣服本身还值钱。

ⅹ 18 世纪的洛可可礼服

洛可可时期绝对是女装的世界。女人们把自己装饰得花团锦簇，缎带、蕾丝、鲜花都被用来装饰衣裙，穿上被花朵和各种甜美装饰覆盖的裙子的女人被称作“行走的花园”。用于装饰的鲜花虽然富有生气，但容易枯萎，于是一种意大利生产的人造花朵流行起来。

洛可可时期，女人们对美的要求并未止步于服装表面上极致的手工装饰，想尽办法用服装塑造出极致的身形轮廓，紧身胸衣和裙撑就是她们的好帮手。洛可可时期的紧身胸衣比以往时代的更极致，为了追求腰身的纤细，女人们甚至不惜牺牲身体健康，趁骨骼还在发育的时候日夜穿着紧身胸衣束腰，长期下来，虽然腰身变得异常纤细，但身体也严重变形，健康受损。即便这样，女人们还是希望腰能再纤细一些。

热爱紧身胸衣的女人都有一个愿望，就是希望能穿上更小一号的紧身胸衣。为了能穿上更小号的紧身胸衣，她们袒露的胸口时常被勒得爆出青色的血管，却被视为当时标榜的别样性感。为了缓解穿上紧身胸衣后的喘息困难，扇子成了女人们随身的必备单品。

在紧身胸衣变得流行的同时，裙撑的轮廓在洛可可时期也达到极致，从最初的吊钟状，到洛可可鼎盛时期裙撑变成了前后扁、两侧宽的椭圆形，其轮廓大到影响出行的程度。穿上这样裙撑的女人乘坐马车是十分头痛的事情，因为巨大的裙撑让她们行动困难。比乘坐马车更令人头痛的是出入剧院。据说，当时有剧院曾经为此专门在报纸上告示：“敬请各位夫人小姐光临时不要穿裙撑。”裙撑带来的尴尬状况直到18世纪70年代才有所改变，一种便于出行的改良裙撑出现了，可以收合的功能解决了出行的问题。

巴洛克时期有把巴黎时装运送到欧洲各国展示，以传播时尚的“潘多拉”盒子，洛可可时期则流行各种服装杂志，法国因此走在引领潮流的最前沿。路易十六时期还出现了近代女装设计师的鼻祖——罗兹·贝尔坦，王妃玛丽·安托瓦内特的专属设计师，为王妃设计出了无数美丽的裙子，因此被封为“流行大臣”。

中西服饰文化不期而遇

洛可可的甜美华丽风在路易十六时期悄然走到尽头。1789年法国大革命之后，法国经历了时代巨变，服装风格也因此发生了根本性的转变，女人们开始脱掉曾经让她们痴迷又窒息的紧身胸衣，以及大大的鲸鱼骨裙撑。夸张造型被简化的同时，衣裙上的手工装饰也回归质朴简洁，服装风格变成了英国崇尚自然主义的风格。此时，地球另一边的中国正处于最后一个封建王朝的全盛时期，清朝贵族之间旗袍正时新。

直到20世纪初期，随着西方文明一起而来的西方服饰风格也在潜移默化中影响了中国人的服饰审美，尤其是立体造型这一西方服装的特点被中国传统服饰吸收、融合。

18世纪60年代，路易王朝没落，英国发生了产业革命，这场产业革命就是从与服装有直接关系的纺织业开始的。这期间飞梭、多轴纺织机、水力纺纱机、骡机先后被发明出来，印染技术也得到了极大的提升。色彩丰富的耐水性染料出现，这些新技术成了未来服装发展的强大后盾。到20世纪初期，西方的纺织技术更加先进，这些先进技术也随之进入中国，促进了中国服装的转型和革新，这一切又都体现在旗袍的改变中。

20世纪20年代是中国旗袍开始改变的年代。此时，西方服饰文化在经

19 世纪后期欧洲的流行服饰

历了洛可可风格的繁琐后，一路化繁为简，又经历了新古典主义时代、浪漫主义时代、新洛可可时代、巴斯尔时代、S形时代，进入了服装的现代化时期。这时，女性思想得到解放，她们的着装从突出线条感的极端女性化风格，逐渐向宽松、洒脱、便捷的男性化风格看齐。简洁干练的裤装流行起来，女西服的出现成为现代新女性的突出标志。这时，一位设计师把女性思想解放中渴望的东西通过服装完美地展现了出来，影响着现代女装的形成，她就是香奈儿。

香奈儿在着装方式上为当时的女性树立了崭新的榜样。她自己很喜欢

⤫ 著名时装设计师可可·香奈儿

中性化的穿衣风格，这在那个时代看起来十分与众不同，在一张旧照片中是她很经典的造型，头戴黑白色帽子，着黑色圆领长袖上衣，脖子上戴了一串珍珠项链，搭配一条白色阔腿长裤。她的穿衣风格被淋漓尽致的体现在她的设计中。香奈儿设计的时装将女性优雅和男性洒脱完美结合，是一种不失女性味道的中性感觉。她还从男装中寻找灵感，设计出的衣服时髦特别，标新立异的时装风格深受女性的喜爱。在服装向现代化过渡的20世纪20年代，这种符合时代风貌的风格对服装的转型影响很大，人们甚至把这个女装变革的时期称为“香奈儿时代”。

张爱玲在《更衣记》里也这样写过："五族共和之后，全国妇女突然一致采用旗袍，倒不是为了效忠于清朝，提倡复辟运动，而是因为女子蓄意要模仿男子。"

似乎中国女性当时也在追求一种男性化的风格。东、西方女性的思想不谋而合，都在渴望摆脱束缚。西方女装从工艺繁复和极度立体的线条向工艺简洁以及宽松的线条过渡，中国的传统女性服装则即将从装饰堆砌和宽松平面化的轮廓过渡成简洁、婉约而立体的风格，东、西方着装方式都步入了一个新时期。

PART 04
现代旗袍，中西合璧的尤物

如果说中国传统服饰和西方服饰在历史的长河里是两条没有交点的平行线，各自沿着自己的轨迹在运行，看起来也各自有着自身的鲜明特点，那么进入20世纪20年代后，两种截然不同的服饰文化相遇，碰撞出光彩夺目的火花。中国的传统服饰在这一碰撞中变得线条立体化，中国现代旗袍由此诞生。同时，这一时期也是传统服装与现代服装的分界线。

现代旗袍在中西文化的碰撞中诞生

作为现代旗袍鼻祖的传统袍服，在过往的历史中都因文化交融而发生过质变，比如在汉代实现了从内衣到外衣的转型，又比如在清代达到了制作工艺上的高峰，到了20世纪20年代，袍服则进化出了现代旗袍的模样。现代旗袍的领型、门襟以及开叉基本延续了传统旗袍的样式，袖子和下摆的长度被缩短，看起来十分轻巧，而胸腰臀的线条被凸显出来，立体合身，不再是昔日传统宽松的模样。

现代旗袍

现代旗袍看起来风情万种、玲珑曼妙，既包含了中国传统含蓄婉约的神韵，又带着西方崇尚外轮廓立体与内在自由的混合气质，将东方的含蓄温婉与西方的自由洒脱巧妙相融，从而形成了格外令人着迷的气韵。现代旗袍的出现顺应了女性思想开始解放的时代，让女人们既可以不失去中国的传统味道，又能够从更合身的立体轮廓中找到内心向往的突破，崭新的旗袍注定成为时代的宠儿。

新制衣技术为旗袍注入崭新灵魂

西方服装一直以来追求立体的线条美，人体的曲线通过服装的裁剪技术和制作工艺得到了很好的展现，这一点从巴洛克、洛可可以及其他时代的西方服饰就可以看出，而中国截然相反。

中国传统服饰无论是裁剪，还是工艺制作上都是平面化的处理方式，衣服的裁片通常只用袖子底下和衣服侧摆相交的那条结构线来相连，如果把一件中国传统衣服平铺在桌面上，一定可以铺得平平整整。如果把中国传统服装形容成一张二维平面画，那么西方服装则可以用三维立体雕塑来形容。

新裁剪技术使旗袍的造型变得立体动人

西方服装的立体效果是怎么达到的呢？在西方服装理念中，人体是一个多面体，用各种方法力求把服装和人体的曲线完美贴合，除了在裁剪中运用曲线裁剪法，还会通过捏褶、打省道等方式来塑造衣服的立体轮廓。有时甚至还会借助一些外在材料来支撑出更为立体的造型，比如巴洛克时期的臀垫和洛可可时期的裙撑等。西方服装中的这些塑形方法让一块平面面料变成了立体合身的衣服。

在制作衣服时，西方会用多个裁片拼在一起，以产生更贴合人体的效果。比如，衣服的裁片会被分成前片、后片和袖片甚至更多，前、后片通过肩缝结合，再把袖片用一圈袖窿线缝合好，手臂和肩部的轮廓就自然呈现出来了。这种裁剪方式都是中国传统服装以前所没有的。所以，当西方新颖的裁剪技术被融入中国传统服装中，便萌发出新的服装灵魂。

20世纪20年代末期，中国旗袍在制作上有了质的飞跃，主要体现在裁剪方式的西化上。

裁剪方式是体现服装气质时最重要的环节。裁剪可以让服装实现轮廓上的突破。传统平面的裁剪方式带来的是复古的传统气质，而新的西式裁剪方式则赋予了旗袍全新的轮廓和气质。

这时的旗袍告别宽大轮廓，开始收起腰线，女性的身形曲线被曼妙地展现出来。与此同时，旗袍的袖口也在变小，新的上袖方法让肩部线条更明朗圆润。旗袍的下摆也被提高，女人们纤细白皙的小腿裸露了出来。不过，旗袍虽然显得大胆突破、新颖别致，成了当时最时髦的衣物，但还算不上风情万种，直到20世纪三四十年代，它的气质才渐入佳境。

现代织布工艺对旗袍的影响

如果想让旗袍的气质更加丰富多变、玲珑百媚，除了裁剪，面料和精湛的工艺也可以为它加分。20世纪初，西方先进的纺织技术进入中国后，给原有的传统纺织业带来了很大冲击，但也注入了新鲜血液，很多前所未见的服装面辅料出现在人们的视野，如蕾丝、丝绒、亮片等。新颖的面料给采用西式裁剪方式制作的旗袍又增添了许多光彩。新颖的面料本身就是一种美，再使用新型辅料就更出色了。比如，很多旗袍边沿点缀上了各种蕾丝花边，还缝有彩色的亮片小花，这些新出现的面辅料让一件新式旗袍的气质提升到了时髦尤物的高度。

各种新的面料来到中国

如今很多藏家珍藏有民国时期的经典旗袍，这些藏品一点都不逊色于现在的旗袍，即便现在穿上也不过时。

张乐怡女士是民国时期著名的政治家、金融家、外交家宋子文的太太，她非常喜欢旗袍，每次陪先生参加重要活动时都会穿着旗袍，她所穿过的旗袍也流传到了今天。其中一件用浅粉色缎面制作的旗袍，腰线收得极好，领口、袖口和门襟点缀着亮片和珠子组合成的立体花朵，袖子是接近半袖的款式，让旗袍看起来既有中式的复古与优雅，又有西式珠片带来的流光溢彩。

PART 05
旗袍，民国最风靡的时装

20世纪30年代，旗袍迎来了它的春天，女人们都在穿旗袍，尤其是在上海。作为开放的口岸城市，上海在经济、文化等方面都处于领先位置，这里的旗袍款式也是最时髦的，甚至成为上海的城市标签。时至今日，只要一提到旗袍，人们依然会把上海与旗袍联系在一起。

旗袍风格迎来百花齐放

旗袍经过裁剪方式、面辅料上的中西合璧，成了那个年代最风靡的时装。时装化的旗袍不再拘泥于保守的小改变，更多的造型被运用在旗袍上，流行款式的更新速度也很快。一段时间流行高领旗袍，于是满大街都是穿着高领旗袍的人，即便在炎热的夏天，女人们也会用高耸的领子把脖子包裹得严严实实。又有一段时间流行低领，甚至是便于活动的无领款。于是即使是冬天，爱美的女人们也会露出白皙的脖颈。

旗袍的袖子也有各种新花样，一般以贴合手臂线条的中袖和短袖为

旗袍引领一个时代的潮流

主，也有过手腕的长袖以及无袖，甚至还出现了各种花式袖子，比如喇叭袖、荷叶袖、开叉袖等。旗袍下摆的长度常常介于小腿肚与脚踝之间。这样的长度搭配上两侧渐高的开叉，看起来有种优雅与风情并存的美。

到了20世纪40年代，抗日战争进入胶着状态，中国大地满目疮痍，百姓生活在水深火热中，旗袍风格也从精美奢华转变得简洁实用，合体的衣身、更加收短的袖子和下摆组成了战乱年代旗袍的独特样貌。那时的旗袍常常采用朴素的面料。为了避免单调，条纹和格子图案的面料备受大众女性的青睐。

旗袍在不断变化中形成了相对固定的外在模式，那就是立领、合身、适中开衩的经典组合，部分繁复的工艺被简化，以往繁琐的刺绣等装饰被面料本身的图案所取代，刺绣依然被使用，只是大多成了局部的点缀性装饰。

✕ 旗袍在人们生活每个角落

老上海的旗袍风尚

20世纪三四十年代的上海绝对是中国的时尚中心，当时流行一首歌谣："人人都学上海样，学来学去学不像。等到学到三分像，上海已经变了样。"新潮的衣物从时尚中心逐渐辐射到全国其他地方，而上海女人是这座城市里带动时尚的核心力量。

老照片将当年的上海时髦女郎定格在胶片上：她们烫着造型别致的头发，一身极为合体的旗袍，再加上长袜、高跟鞋，优雅中带着一点罗曼蒂克的气质。那时候的月份牌上全是穿旗袍的美女，她们明艳动人，造型即便是现在看起来也很别致。上海女人热衷于追求美丽和新潮事物，让她们爱上旗袍，爱美的心又赋予旗袍这种中式服装新的生命，旗袍的轮廓和材质不断革新，让旗袍在那个时代显得格外明亮动人，而这股来自上海的旗袍流行之风吹遍了中国。

旗袍几乎占领了女人们的四季衣橱，四季的更替丝毫不影响女人们穿着旗袍的热情。夏季是丝绸、棉质等轻薄面料制作的旗袍，柔软的衣料在夏季的微风里显得格外飘逸。秋冬季则是相对厚重材质，甚至是皮革质地的旗袍，旗袍外再搭配一件西式的外套或者长大衣，这种只属于民国的中西混搭风格不仅温暖还很好看。

那个时代的上海明星、名媛们，既是这座城市里最亮丽的风景，也是站在时髦风口浪尖的领军人物，左右着大众的审美。影后胡蝶有一件蕾丝旗袍曾惊艳了整个上海。这件旗袍是旗袍大师褚宏生专门为她制作的，材质上大胆选用了镂空蕾丝，中式款式与西式面料的完美结合让女性曲线美和温婉气质得到了极致展示。胡蝶结婚时穿的一件旗袍也曾轰动一时。这件被称为"白蝶裙"的旗袍，绣着上百只形态各异的白色蝴蝶。

ㄨ 坐在杏花假山镜子前戴耳环的民国旗袍美人

除此之外，一些名媛贵妇们也会尝试不同材质和风格的旗袍，穿着心爱的旗袍出去聚会，与别人交流定制旗袍的心得，成为另一种时尚。

旗袍可以展现无数种风情，可以富贵华美、艳丽高调，也可以清雅别致、质朴大方，它不只属于明星和名媛贵妇们，也是全民的共同宠儿，连纺织女工们也穿着面料柔软舒适的旗袍去上班。

那时新人结婚，新娘选择穿旗袍的也不少。讲究的人家通常要定制好

ㄨ 中式喜服上吉祥寓意的纹样

几身婚礼旗袍，每一套旗袍的款式和图案都不一样。旗袍在人们生活中的每个角落都留下了记忆。

中国人很讲究图案的寓意，因为图案中寄托着人们的美好心愿。婚礼用的旗袍喜服，图案大多选择带有中国传统吉祥寓意的纹样，比如花团锦簇的“富贵牡丹”，喜鹊和梅枝组成的“喜上眉梢”，代表多子多福的“石榴”，象征高贵品质的“梅、兰、竹、菊”。

精湛的手艺成就旗袍的辉煌

旗袍的黄金时代，女人们都去哪里做旗袍呢？普通百姓自然是去街头的制衣小铺。老上海有种专门做中式衣服的铺子叫作苏广成衣铺，通常是一个旗袍师傅带着四五个学徒，提供上门服务，因为价格实惠颇受大众青睐。有钱人家一般都要去大一点的铺子或者专门的时装公司定做工艺和面料更为考究的旗袍。上海当时最有名的两家旗袍店是龙凤和鸿翔。在当时的上海人心中，能在这里订制旗袍，是身份和品位的象征。由于旗袍需求量大，当时很多西式服装店也都纷纷做起了旗袍生意。

一位精通旗袍剪裁和工艺的老裁缝，曾在老上海一家著名旗袍店工作过。他回忆，当时旗袍店的师傅，不仅有手艺精湛的中国师傅，甚至还有来自外国的设计师。为了保证高品质的出品，所有的旗袍师傅都要经过严格的培训后才能上岗，制作旗袍的工艺要求也十分严格，光是量体就有30多项。不过，高水准也意味着高价格，这里出品一件旗袍需要10~25元，比普通的小铺子贵很多倍，但仍然不妨碍它受追捧的程度。

龙凤旗袍店的传统工艺旗袍

另一位旧上海做旗袍的老裁缝，除了制作工艺，还很重视设计，也很善于从生活中找灵感。老师傅常常下了班去到电影院，边喝茶边观察过往女人们的穿着打扮。等到电影开演了，他留心的也不是剧情，而是把电影里好看的衣服款式全都记下来。电影散场后，老师傅便匆匆回家把当天看到的所有好款式都画下来。这些记录为他之后的旗袍设计带来了无限灵感。

当时的上海，信息传播已经很发达，很多国外的时尚杂志以及剪裁工艺方面的书籍为旗袍师傅们提供了灵感，推动着旗袍款式设计的不断翻新和工艺的不断改良，让上海女人们始终走在时尚最前沿。

新式旗袍不再是平面宽松又保守的，立体的线条成为最明显的特征，女性身材的线条美被一点点展现出来，尤其胸部曲线首次得到展示。

旗袍之所以能展示出人体的线条美，很大程度依赖于“省”的运用。“省”是西式裁剪中一种能让服装去掉局部多余宽松量的有效手法，捏“省道”的使用，可以把平面的衣服变立体，让胸腰臀的线条充分凸显出来，“省量”的大小也决定着一件旗袍的立体程度。改良的新式旗袍，即使是平铺时也能看出它的曲线美。而袖子的长度也在不断缩短，变短的袖子让女性的肩部和手臂轮廓展现得淋漓尽致，继而流行过无袖旗袍。最惊艳的是旗袍两侧的开衩，它的高度记录不断被打破，女性的线条逐渐从保守的传统服装轮廓里解放出来。

旗袍从最初的平面宽松轮廓，经过一系列演变后成了突出东方女性玲珑线条的立体轮廓，从而风靡全国，这一变化承载了20世纪三四十年代爱美女人追求美丽的细腻心思，旗袍造就的曼妙东方美至今让人津津乐道，成为经典。

传统精粹之美永远经得住时间的沉淀。如今，旗袍经历了几十年的沉寂之后，又成了时兴的复古潮流。旗袍定制店重新兴起。年轻人在结婚时总会定制一件旗袍；在朋友聚会上若能穿一件定制旗袍，就会成为焦点。和旗袍一样重新流行起来的还有汉服。汉服指的不是汉代的衣服，而是汉民族的衣服。无论是旗袍还是汉服，如今传统复古的东西成为最受年轻人追捧的、最时髦的东西，这也许就是中国人的民族自信。

PART 06
香粉、丝袜、卷发，老上海旗袍的标配

好看的衣服，也需要与之搭配的发型、鞋子的衬托，相互衬托出完美的形象。晚清女子穿旗袍时会配以高耸的大拉翅、工艺精美的花盆底，以及用天然胭脂装饰的容颜，衬托出着装者的古雅、端庄和考究。进入民国，一件时髦的中西合璧改良旗袍，也需要发型，以及其他单品的搭配来突显旗袍的风韵。

卷发，民国女子的时髦发型

20世纪20年代初，旗袍刚刚开始流行时，崇尚素雅简洁。有一句话可以形容这时女性日常的装扮："茉莉太香桃太艳，可人心是白兰花。"这时穿旗袍的女子亭亭玉立、质朴大方，宛若白兰花一般淡雅清新，端庄得体，恰到好处。

古时的中国人遵循"身体发肤，受之父母，不可轻易毁伤"的原则，无论是男人还是女人都留着一头黑黑的长发。到了民国初期，由于时代的变

✕ 卷发，民国女子的时髦发型

更，很多旧观念也被改变，男人纷纷剪去了身后的长发辫，女人们也开始流行清爽的短发。当时有句朗朗上口的流行语："女子年来尚自由，大家剪发应潮流。今年赴会知多少？不见金钗髻上留。"短发的流行反映了女人们向往自由和解放的心声。

20世纪20年代的女学生们是女子思想解放的先驱：一头齐耳的短发，有的还会在额头前剪出整齐的刘海，再搭配上发夹。这样的发型配上素雅面料制作的旗袍，看起来清新脱俗。当然，此时的旗袍也不全是搭配短发的，也有很多人选择发辫，未出嫁的姑娘喜欢把乌黑的长发辫成一条或者两条发辫或系上头绳，或扎上蝴蝶结。扎着蝴蝶结的发辫垂在胸前，远看像两只蝴蝶停在姑娘身上，于是人们叫这种发型为“两只蝴蝶”。

随着西方文化影响的深入，旗袍西化改良，烫发也流行起来，很多上海老照片中，都有穿着改良旗袍、烫着整齐波浪卷发的经典女性形象。老

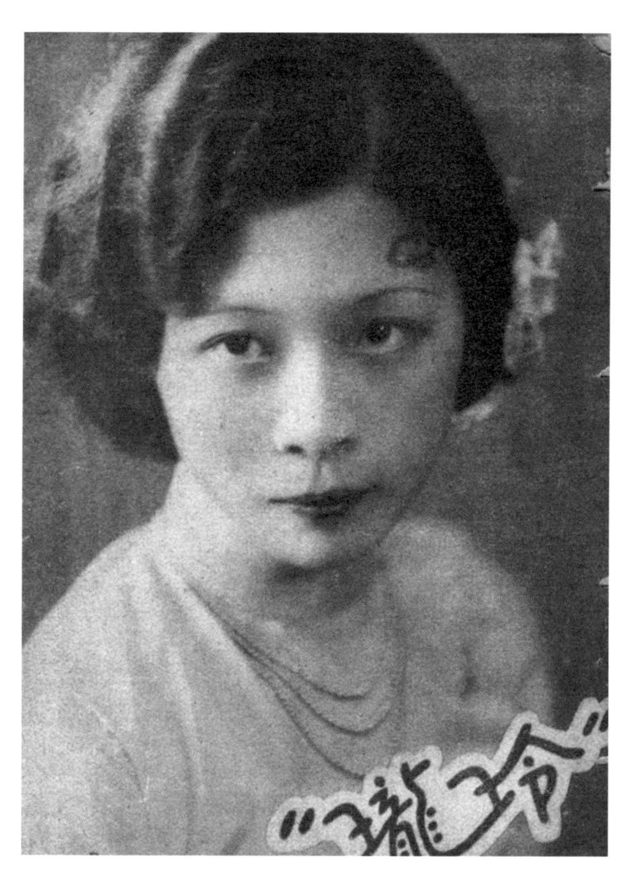

《玲珑》杂志上烫发、穿旗袍的女人

上海曾有一家临近百乐门舞厅的百乐理发店，开设于1933年，曾经一度生意火爆，员工多达五六十人。这里的一大特色就是烫发。这是上海第一家经营女子化学烫发业务的理发店。百乐理发店能做的烫发种类很多，大卷、小卷、长波浪、短波浪应有尽有，许多明星、名媛慕名前来做头发，例如当时的演员陈燕燕、周曼华，歌星黎明辉等都是常客，即便烫发需要耗费大量的时间，女人们依然乐此不疲。

20世纪二三十年代的好莱坞风靡一种手推波浪发型，将头发做成的一个个大小不一却又十分有序的“波浪”环绕在额头以及脸颊旁，看起来就像是大海中翻滚的波浪，因而得名。这种发型极富造型感，尤其前额的刘海。这种发型也影响到了当时上海女性的审美，明星、名媛们纷纷做起了手推波浪的卷发，比如周璇、胡蝶、阮玲玉、张爱玲、赵四小姐等都留下了这样经典发型的照片。

原本搭配金发碧眼的西式发型，与黑发黑眼的东方面孔结合后并不突兀，倒是与中西合璧的旗袍一般，体现出另一种独特魅力。旗袍搭配卷曲发型，更显风情万种。这种搭配组合打造出的动人形象深深印在那个时代的记忆中，以至于一提到老上海的美丽女子，人们的脑海里出现的都是旗袍加手推波浪的模样。

到了20世纪40年代，人们喜欢在烫发时把发际线以后的头发做高，这种发型看起来更精致有形。由于当时没有定型的美发用品，为了防止头发塌掉，人们会在头发里面垫上棉花做支撑。

那些搭配旗袍的时髦单品

20世纪三四十年代，各种与旗袍搭配的时髦单品层出不穷，比如西式大衣、外套、帽子、高跟鞋、丝袜、珍珠项链、手表等，女性气质也更加出众。女人们把长长的珍珠项链环绕在旗袍高高的领子处，尤其着深色旗袍时，闪着珠光的项链成为画龙点睛之笔，让原本暗色调的旗袍立马贵气起来。

关于穿旗袍搭配珍珠项链，有人说这是受到“法国时装之母”香奈儿穿着风格的影响。香奈儿喜欢在干练洒脱风格的衣服上面搭配珍珠项链。也有人说是因为珍珠蕴藏的温润珠光和中国女子骨子里的温婉气质极像，

把长长的珍珠项链环绕在深色旗袍高高的领子处，让原本暗色的旗袍立马贵气起来

所以将它们搭配在一起时有一种中式的高贵华丽。

高跟鞋也是穿着旗袍必不可少的配饰，与花盆底有异曲同工之妙，能衬托出女性身材的好比例。花盆底只是把人整体抬高，而高跟鞋在托起脚跟的同时，还能让人体的线条更加挺拔，因为人在踮起脚尖时会自然而然挺胸收腹，后背到腰部的曲线就会更加明显，这样的身姿正好适合穿突出线条美的改良旗袍。

除了高跟鞋还有一样让女人欲罢不能的东西，那就是丝袜。这种由美国人在20世纪30年代发明的配饰，源自16世纪的西班牙丝袜——一种编织的袜子。1937年，美国人发明了尼龙纤维后，随之诞生了质地纤薄，且完全贴合腿部肌肤的丝袜，一出现就受到追捧，后来传入中国。

丝袜传入中国之初，不只是女士穿它，也是男士名流的标配。当然，男士的丝袜跟女士的大大不同，类似现代男士穿的短款薄袜。大文豪胡适先生在很多照片中都穿着丝袜。丝袜传入中国之前，女性会在旗袍里穿一种棉麻质地的长袜，避免穿开叉旗袍时直接露出大腿。丝袜一经出现，轻盈细腻的质感受到女性的喜爱，迅速取代了原先的棉麻质地的长袜。旗袍下忽隐忽现的大腿，在丝袜的衬托下多了一种朦胧的美感，不经意间增添了几分性感。

浓妆淡抹总相宜

新式旗袍加上新式发型，当然还要配上相得益彰的妆容。清朝时，人们喜欢在脸上薄薄涂一层蜜糖做底，再用丝巾或手指敷上天然原料制成的

白皙的皮肤、粉嫩的脸颊、纤细的眉毛、红润的嘴唇、乌黑的卷发，是民国时髦女性的标配

粉，抹上胭脂，眉形纤细而弯曲，唇妆似樱桃般小巧，也有涂满上唇，下唇中间一点红的。到民国，这种有点夸张的妆容已不见踪影。民国的标准美女形象有着白皙的皮肤、粉嫩的脸颊、乌黑的头发以及红润的嘴唇，那一时期的化妆术以及护肤方式都是以实现这个效果为目标的。

白皙的皮肤需要涂上雪花膏和香粉才能又香又白，脸颊抹上红润的胭脂，让人看起来气色很不错，而润发时必须要用上滋润的生发油或者凡士林，口红通常是大红色的，还可配上新引进的指甲油、眼影、睫毛膏和花露水。

中国古代崇尚樱桃小口，以往会刻意把唇形画小，但是到了民国时期，大家开始崇尚自然美的妆容，嘴唇的形状也以自然唇形为准，而眉型则以纤纤细眉为主。为了达到细而弯的眉形效果，女人们有时会把自己的眉毛先拔掉，然后再画上可心的形状。讲究一点的人会去药铺买一种叫作“猴姜”的药材碾磨成粉，再用小毛刷沾着画眉。平民家的女孩子承担不起这样的花费，于是想出了一种独特的画眉方式，用燃烧过的火柴头来画眉，或者用火柴把杯子的底部熏黑，再用刷子沾着这黑色来描画自己的眉毛。

其实在民国，平常人家的女孩子大多数时候还是以朴素的旗袍为主，那些最时髦的旗袍款式，以及与旗袍搭配的潮流单品、妆容和发型大多是明星、名媛、富家小姐、太太们才能拥有的。

PART 07

传统旗袍的优雅与新派旗袍的浪漫

在中国，人们提起旗袍，经常会说这是海派旗袍，那是京派旗袍。乍一听还以为海派旗袍指的是上海一带流行的旗袍款式，而京派旗袍是指北京盛行的旗袍款式。其实，这两种旗袍并不是以地域来划分的。

所谓“海派”，是指深受欧美文化影响的、以江南传统文化为基础的文化，最初是特指以上海为中心的文人以及他们的行文风格，与之对应的就是相对保守的以北京为中心的“京派文化”。渐渐地，“海派文化”包涵了中西结合的、标新立异的文化现象，而“京派文化”象征着原汁原味的、坚守传统的格调，海派风格在传承传统的基础上，更为灵活多变，而京派风格则在保持传统文化的基础上不断升华和改良，更为内敛而矜持。

“海派”与“京派”对应在旗袍上就出现了人们常说的“海派旗袍”和“京派旗袍”。“海派旗袍”风靡于20世纪三四十年代。这种中西合璧的新式旗袍源于传统的清代袍服，受西方文化影响，产生了全新的气质，不仅裁剪方式率先采用了西式裁剪，让原本平面化的传统中式服装轮廓立体起来，面料上也一改常规，大胆尝试各种新鲜的材料，看起来时髦又摩登。而“京派旗袍”在保持传统的基础上进行了一些改良，比如袖子变窄、下摆提高，总体轮廓保持相对宽松的本土风格，面料则常选择质地厚

中国浙江杭州丝绸博物馆展示旗袍

重的织锦缎等。另外，京派旗袍重装饰，喜欢使用宽边，看起来华美、传统、端庄。

京派旗袍和海派旗袍最大的不同体现在因不同的裁剪方式而带来的不同气质。海派旗袍立体感更强，流行款式变化更快；京派旗袍则保持自己的传统本色，采用传统裁剪制作。

另外，京派旗袍的面料以及装饰图案也传承了传统样式中的精神和韵味，具有强烈的传统吉祥寓意，比如“竹报平安”“福禄寿喜”“龙凤双喜”等图案常常被使用；海派旗袍的图案则大量运用时尚新潮的图案，比如几何图案、格子、条纹等。

海派旗袍与京派旗袍以不同的方式共同传承着中国传统服饰文化的精粹，海派旗袍至今仍旧是旗袍界的主流。当然，也有很多现代人偏爱京派旗袍，那些采用传统裁剪方式制作的宽松旗袍，在面料以及细节上融入了更多的现代元素，将京派旗袍骨子里的韵味完美地继承了下来。

✕ 旗袍，历经千帆，终回归

第三章

引领时尚的旗袍记忆

在旗袍盛行的时代，有一些人和事承载着旗袍的美，成为一个时代最经典的回忆，他们曾经引领旗袍风靡，如今他们已经变成代表那个时代的一种特殊记忆，且记录下一个时代里最动人的点点滴滴。

旗袍　中西合璧的服饰文化

PART 01

引领时尚生活的民国杂志

1620~1715年的巴洛克时代，路易十四率先将法国巴黎最流行的时装装进“潘多拉盒子”运往欧洲各国，供人们学习借鉴。1672年，时装杂志《麦尔克尤拉·嘎朗》在法国创刊并公开发行，这是世界上第一本展现宫廷贵族生活以及服饰潮流的杂志，把法国宫廷新闻和最新流行时装信息传递给大众。

20世纪三四十年代的中国，各种令人目不暇接的新鲜事物和新信息也少不了杂志这样的媒介去传播和推动。《妇女杂志》《玲珑》《女子月刊》《妇女共鸣》《女界钟》《女子世界》《女学报》等杂志第一时间将新的着装方式、最前沿的时髦生活资讯送到追求思想解放的新女性手中。虽然内容、视角、话题各不相同，但这些媒体的编辑宗旨都为了争取女性权利、提高女性生活水平、解放女性思想。其中，新的着装方式是这一时期的时髦话题。

一些杂志甚至推出“装饰号”或者“衣服号”的专栏，配以服饰穿搭的图片和介绍等，以此引领女性的着装审美。有的杂志则推出有关服饰专题讨论，从而引发女性读者的思考。比如，《女子月刊》上曾经针对女性解放与女性服饰关系的话题展开过讨论：“女性的爱美，是不是妇女前进的阻力”。

在众多女性杂志中有几本特别受大众喜爱，比如《玲珑》《良友》《时报图画周刊》和《妇人画报》，这几本准时装杂志在当时很前卫，话题新颖、服装插图时髦，而旗袍作为时尚风向标，自然成为这些杂志的“宠儿”。各种旗袍女郎的图片占领了杂志的封面和内页，杂志的传播也让旗袍更加风靡于世。

除了杂志引领潮流以外，民国时期还兴起了服装展览和服装表演，以及真人的动态服装表演。这些在当时都属于非常新潮的事。老上海有一家非常有名的时装公司“鸿翔”，制作的旗袍曾远近闻名。1934年，鸿翔时装公司在上海著名的百乐门舞厅举办过一次旗袍秀。这次旗袍秀吸引了无数人的关注，当红的影星胡蝶和阮玲玉也来捧场。这样的旗袍展示形式在当时的上海是前所未有的，非常轰动。这次时装秀也成为中国第一次时装表演。服装表演以外，很多竞赛和演讲活动都会在活动话题中加入“服装的改良与发展”一类项目和内容，这些都无疑影响着女性新的着装观念。

影响一代女性思想的“玲珑”读物

《玲珑》杂志可以算得上中国第一本真正意义上的时尚杂志，里面的内容除了时尚着装以外，还有很多当时影星的美容秘诀，也少不了比较受女性关注的婚恋、育婴、电影咨询等内容。本着“提倡社会高尚娱乐,增进妇女优美生活”的办刊宗旨,《玲珑》杂志中观点新潮的内容十分吸引读者，大受欢迎。张爱玲曾在经典散文《谈女人》里写道：“一九三零年间的女学生人手一册《玲珑》杂志。”喜欢它的当然不只有女学生，名媛闺秀们也是

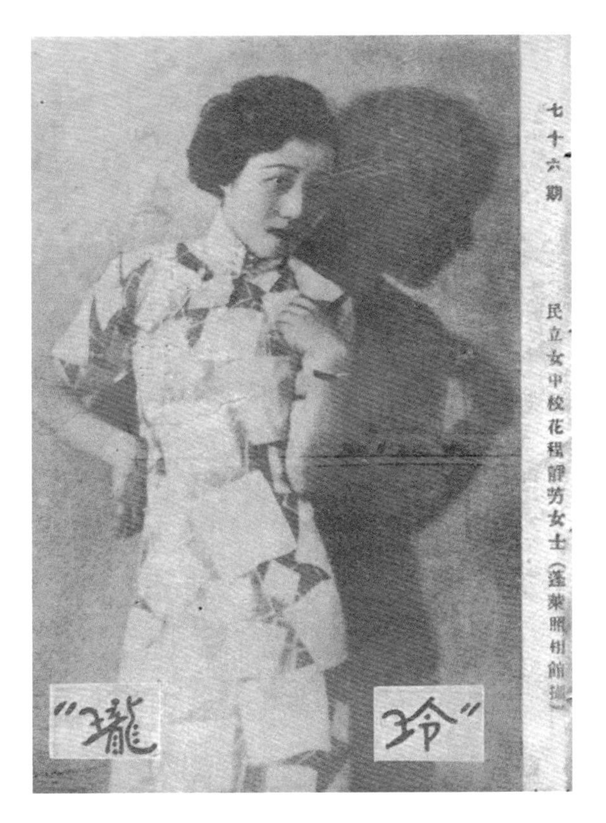

《玲珑》杂志封面

《玲珑》的忠实读者，杂志经常出现“一概售罄”的局面。

《玲珑》杂志是1931年由中国摄影界鼎鼎大名的林泽苍先生在上海创刊的，最初名为《玲珑图画杂志》，1933年改名《玲珑妇女图画杂志》，1936年又改为《玲珑妇女杂志》，最后改为《玲珑》杂志。13cm × 9cm的开本，让它如钱包般大小，真是名副其实的“玲珑”杂志。这样的开本便于携带，价格七分大洋（1926~1936年，上海每市斤大米为6分多大洋）。

《玲珑》杂志从封面到内页的图片都有一种中国式的时髦感，图片中的女性大多穿着新式旗袍。《玲珑》还把当时上海的名媛们请上了杂志封面。

创刊号的封面女郎是上海“邮票大王”周今觉的第六个女儿周淑蘅。她穿着一件中西合璧的新潮旗袍，上半身是中国旗袍的样子，下摆则大胆改良成了西式礼服裙的款式。这种引领潮流风向的前卫式样完美地诠释了《玲珑》杂志传递给大众新潮的审美态度。

《玲珑》还推出“玲珑LADY”的理念。“玲珑LADY”代表了摩登女性的形象——通常是思想灵动敏捷、勇于改变、突破自我，以及不断接受新事物与挑战的形象，这是追求思想解放的女性所向往的。杂志还特别鼓励读者把自己的照片寄给杂志社，与其他读者一起分享生活心得、感悟，以鼓励女性突破自我。

现代的时尚杂志里面总会有很多时尚单品的照片，编辑们也会给读者一些穿搭的建议，其实这样的方式《玲珑》早就用过。漫画家叶浅予经常为《玲珑》绘制各种各样的旗袍、中西混搭时装，以及单品小配件的图画，同时配上发型、鞋帽的穿搭建议。

每期刊登的明星插图也会成为读者穿着效仿的参考，红极一时的影后胡蝶、金嗓子周璇等明星穿旗袍的图片一经杂志发表，女性读者就会纷纷效仿。《玲珑》也会刊登一些欧美女明星的照片，她们的穿搭更加让人耳目一新，比如南锡・卡洛的迷你裙、琼・克劳馥的晚礼服等。

时局紧张的时候，《玲珑》杂志增加了新闻实时评论、呼吁团结抗战等内容。1937年，中国抗日战争全面爆发，《玲珑》在发行298期后被迫停刊。

有华人的地方就有《良友》

《良友》是中国历史上第一份生活类大型画报，1926年由出版家伍联德创办，风靡全球华人世界，据说当时有华人的地方就有《良友》。画报自然是以图片为主的，价格亲民，内容包罗万象，比如老上海的生活、明星海报、化妆品、穿旗袍的摩登女郎、世界风俗、中外体育、旅行游记等等，丰富的内容加上画报轻松阅读的方式颇受读者喜爱。

封面图片选用穿旗袍的女郎是《良友》的一大特点，其中女明星加上改良旗袍的组合最吸引人。1934年《良友》第99期的封面，电影明星阮玲玉穿着清新素雅的格子旗袍，优雅中带点活泼，据说很多人看了这期《良友》后，纷纷找裁缝要求做同款旗袍。《良友》那些凝固了时光的老图片至今仍是经典，十分珍贵。

穿旗袍的周璇

1931年，《良友》的摄影师动用了很多社会关系，终于聚齐了袁美云、黎明晖、王人美、胡蝶、阮玲玉等八大女星。在她们同框的照片中，大多数人都穿着中西结合的改良款旗袍，这张照片成为人们茶余饭后谈论的焦点，如今已经成为上海和旗袍的一页最美好的记忆。明星顾兰君喜欢穿着开叉很高的旗袍，这种款式的旗袍看起来有一种独特的韵味，人们就把这类款式的旗袍统称"顾兰君式"，也因此流行一时，可见明星的影响力和带动性总是难以估量的。

当然，明星引领的不只有旗袍的流行款式，也能引领社会热点，这一点被《良友》敏锐的洞察到了。1939年《良友》为难民筹集救济款，举办了一次明星照片义卖活动，其中一张顾兰君身着高领无袖旗袍的照片拍出了6000法币的天价，成了轰动一时的新闻。法币是1937年中华民国推出的一种取代银元的纸币，它只出现了10年左右，由于后期贬值厉害，人们又回归使用银元。但1939年时，100法币可买一头牛，而仅仅一张照片拍出6000法币的价格，在当时的确是不可思议的天价。

PART 02
苏广成衣铺与旗袍的不解之缘

在民国时期的上海，有一种遍布街头的小成衣铺伴随了旗袍的整个成长过程，也见证了中国传统服装从清末以至整个民国时期的所有变革，成为当时大众生活里十分重要的一部分，承载着旗袍最美好的记忆。这种小成衣铺就是“苏广成衣铺”。

时代记忆里的苏广成衣铺

民国时期的上海随处可见带着“苏广成衣铺”字样的小铺子。有不了解情况的外地人到了上海，看到这些小成衣铺，还以为是一个名叫“苏广成”的人开的连锁制衣铺。

苏广成衣铺到底是怎么一回事呢？其实，“苏”和“广”指的是“苏州”和“广州”。在晚清时期，苏州人制作服装的手艺特别好，而广州服装的样式又多又新颖，这两个地区在当时都以服装的品质好而闻名，人们只要一看到这两个地名就会联想到款式好、做工精良的衣服，于是很多裁缝

× 藏在小巷子里的旗袍店

铺用“苏”“广”来命名自己的店铺，旨在突出自家店铺的手工艺精湛以及样式新颖。渐渐地，“苏广成衣铺”成了一个时代的专有名词，而且它所指的是专门制作中式服装的制衣店铺。

苏广成衣铺在清朝晚期就已经出现了，到民国时期已经非常普遍了。苏广成衣铺通常是一种前店后厂的形式，规模有大有小，有的是师傅带着几个学徒，也有的是夫妻店。店主通常会在“苏广成衣铺”字样前加上自己家的名号。民国时期的上海，苏广成衣铺遍布大街小巷，据说有2000多家，在此为生的裁缝多达4万多人。

苏广成衣铺里诞生出了不少制作旗袍的高手，也成长出不少有名气的铺子，这些铺子各有所长。上海北海路上的俞福昌苏广成衣铺擅长制作沪剧演员的中式服装，而南昌路的肖云记苏广成衣铺以制作旗袍闻名，现如今的中国有一家叫作“龙凤旗袍”的著名旗袍老字号，最初也是源于苏广成衣铺，那时它的创始人朱林清便是从苏广成衣铺中历练出来的旗袍高手，后来他创办了“朱顺兴”中式服装店，以精湛的旗袍技艺和丰富的款式在老上海滩家喻户晓。

苏广成衣铺在民国时期如此受欢迎，是因为衣铺的师傅精通各种中式服装的工艺，手艺过硬，制作的衣服做工精良、大小合身。而且，苏广成衣铺的价格很亲民，适合大众消费，服务也极为人性化，不仅可以提供全套的定制服务，还接受来料加工以及上门服务。

本帮裁缝、红帮裁缝与大帮裁缝

苏广成衣铺专注制作中式服装，它把中国服装的传统工艺良好地继承了下来，这里的裁缝师傅被人们叫作“本帮裁缝”，当时还有一种以制作西服为专长的制衣铺，这里的裁缝师傅则被人们叫作“红帮裁缝”。红帮裁缝中有很多都是宁波人，他们在很小的时候就来到上海，跟着师傅学习做衣服的手艺。

当时的西服铺其实很少给外国人制作西服，当时来到中国的外国人大多会从自己国家带来西服，红帮裁缝服务的对象一般是那些经常和外国人打交道的中国人，比如外国公司里的中国职员，以及一些海归或者崇尚新文化的年轻人。

红帮裁缝为西式裁剪融入中国传统服饰做出了不少贡献。20世纪初，一些有身份的外国人会从本国自带裁缝一起来到中国，这些洋裁缝们到了中国后，通常会找本地的裁缝当助手，间接促进了中西两制衣技术的交流，西方裁剪的新技术渐渐融入中国传统服装的制作中。

20世纪三四十年代，由于旗袍需求量巨大，很多西式服装店也都纷纷做上了旗袍生意，红帮裁缝们做旗袍时自然把领悟到的西式裁剪方法运用到旗袍上来。当时还有一些专门制作军服和制服的裁缝，被叫作“大帮裁缝”，他们也会接触到西式制衣技术。苏广成衣铺作为制作大众旗袍的主力军，也逐渐受到红帮裁缝和大帮裁缝的影响，吸收到很多西式元素、新设计理念以及新裁剪技术，并将其运用到中式服装以及旗袍的制作与改良中。

PART 03
印在画片上的旗袍记忆

有一种画片是民国时期的专属记忆符号，上面通常画着各种摩登女郎，其中旗袍女郎是当时最受欢迎的，这种画片便是老上海月份牌。它记录下了民国时期旗袍风靡的动人点滴，成为一个时代泛着闪光的回忆。

老上海月份牌

你一定在某些地方见过一种画片——画片上通常印着烫着时髦卷发、穿着精美旗袍的摩登女郎，也有的是穿着西式时装的性感女性，甚至还有金发碧眼的外国美女，在人物的周围常常环绕着广告语以及产品图画。这样的画片天然自带一股老上海的味道，复古中带着些许独特的摩登感。这种画片是属于民国时期的经典记忆，承载着一个时代大众对美的解读，这就是老上海月份牌。

月份牌最早出现于19世纪末20世纪初。当时很多西方人来到中国开设洋行，销售外国商品，为了打开中国市场，需要有符合中国人审美的产

老上海月份牌

品推广方式，经过多方尝试后，他们发现一种人气颇高的“历画”——其实就是配有月历节气的民间年画——特别符合广告需求。西方生意人请来绘制图片的画家，绘制各种带自己产品信息的画片，然后印制成“历画”免费发放，这种带广告性质的“历画”就是月份牌。最早关于月份牌的记载，是清光绪九年十二月二十八日（1883年1月25日），《申报》在头版二条的显著位置，以“申报馆主人谨启”的名义刊出公示：“本馆托点石斋精制华洋月份牌，准于明正初六日随报分送，不取分文。此牌格外加工，字分红绿二色，华历红字，西历绿字，相间成文。”据《南洋兄弟烟草公司史料》记载，1923年该公司广告费内“月份牌”一项，预算达4万元。英美烟草公司甚至设有专门绘制广告的美术室，高薪聘请当时颇有名气的画家梁鼎铭、胡伯翔、周柏生、倪耕野、吴少云等绘制“月份牌”。当时上海的中外保险公司，以及一些经营煤油、医药、化学染料的洋行，都会制作精美的“月份牌”馈赠顾客，可见当时上海非常流行“月份牌”。

赏心悦目的旗袍女郎

刚开始绘制的月份牌，洋行选用的都是符合西方人审美的西方美女，或者中国传统年画的山水、戏曲画，但是推出后效果并不理想，没能引起广泛关注。洋行开始尝试新的题材，最终当月份牌遇上旗袍女郎题材的时候，热度一下被点燃了。画有旗袍女郎的月份牌大受欢迎，商家们也就投入更多的财力和精力到制作月份牌中。

月份牌的画面通常都很精美，绘画方式与风格除了带有中国传统元素外，还融入很多西方元素。月份牌一般选用优质铜版纸以胶版彩色精印而成，上下各镶着一条铜边，上方的铜边上带有一个圆孔，这是用来穿绳以方便人们将月份牌往墙上挂的。

商家常常把月份牌当成赠品，顾客买商品的时候附赠一张，人们十分喜欢这样的月份牌。过年之前是派送月份牌的好时候，商家会花重金提前

老上海月份牌上可以看到当时时装化的旗袍

印制大量月份牌送给顾客，过年时，人们把精致的月份牌当成年画，挂在家里增添新年的喜悦气氛。商家的广告用意在人们对月份牌的欣赏以及节气的查看中得到了最好的成全，即便他们在制作月份牌上投入了大量人力物力，最终也会通过这种有效的广告形式获得丰厚的收益。

旗袍风靡的时代，画着旗袍美女的月份牌自然最让人心仪，大多数的月份牌上都画着穿旗袍的摩登女郎，这些动人形象都是从画家笔下诞生的。生活中穿旗袍的女子带给画家们无限的灵感，他们绘制出各种旗袍美女形象，这些形象最终也带动着大众审美，引领着新的旗袍流行之风。月份牌上的女子形象千变万化，有的烫着卷发，画着弯弯的细眉，穿着深色的旗袍，佩戴着珍珠项链，一派端庄富贵之气。有的月份牌还会同时出现两位旗袍女郎。她们穿着不同颜色的艳丽旗袍，明艳活泼，红润的面颊上洋溢着青春朝气的笑容，深深打动人心。

月份牌背后的画家们

每张精美的月份牌背后都藏着一位刻画人物的高手。绘制月份牌的画家大多都有良好的美术功底，当他们开始从事绘制月份牌的工作后，原本扎实的绘画功底就充分展现在了月份牌的人物刻画上，栩栩如生的旗袍女子在不同的画风和技巧下呈现出来。

一位叫郑曼陀的月份牌画家，独创了一种炭精粉擦笔画法的新绘画技法，使得笔下的旗袍女子气质古典清雅，在月份牌绘画中自成一派。炭精粉擦笔画法通常先用炭精粉在画纸上进行擦抹打底，然后在此基础上用颜料绘制。颜料画在炭精粉打底的画纸上，不会被纸张直接吸收，而是附着在炭精粉之上，无数带着颜料的炭精粉颗粒会让人物形象呈现出最细腻的效果，让人物看起来无比生动，尤其是皮肤的质感显得特别细嫩柔和，整个画面的颜色过渡也会十分自然，就好像完成了一次手工成像。这种技法后来被广泛应用在月份牌绘制中，成了月份牌的专属技法。

杭穉英在月份牌绘画业界也是颇有名气的一位。他自小喜爱画画，创作的月份牌旗袍女子通常皮肤白皙，面颊和体态都比较丰盈，看起来巧丽可人，画面的颜色极为鲜亮清爽。

除此之外，民国时期的月份牌画家还有很多很多，他们用高超的绘画技艺创造出了一个个深入人心的形象，经典了时光。

PART 04
穿旗袍的新式婚礼

20世纪初期的中国，工艺繁琐的清朝旗袍被新颖别致的改良旗袍取代，女性夸张沉重的发型与花重金打造的发饰被一头清爽的短发或时髦烫卷发代替，时代的改变与革新不仅仅体现在人们日常的穿着打扮上，当时社会的各方面都在进行新的尝试与突破。比如举行新式婚礼，将传统喜服改为旗袍的新娘大有人在。

新式的集体婚礼在时代变革中诞生

民国初期，传统的婚礼基本延续古制，聘书、礼书、迎亲书、纳采、问名、纳吉、纳征、请期、亲迎、安床几乎一样都不能少，其中每一项流程又有许多细节讲究。虽然由于地域、经济实力等差异，部分流程会有简化或增改，但不管怎样，一整套传统婚礼流程走下来，都是相当烦琐的。从小说家老舍先生写于20世纪30年代的《骆驼祥子》和《柳家大院》中就能看出，即便普通人家结婚也会花去100~300块不等的银元或法币。这对普通家庭算是一大笔花销，当时大户人家的花费更是难以想象。

随着男女平等、自由恋爱的新思想慢慢兴起，一些人提倡起新式结婚，一些过于铺张浪费的旧习俗被剔除。

20世纪30年代，民国政府提倡新式生活运动，婚礼的革新成了新式生活中很重要的内容，集体婚礼的形式孕育而生。集体婚礼在现代并不稀奇，但在民国时期绝对算是一种前所未有的大胆尝试，当时管集体婚礼叫作集团结婚。

民国政府一提出集体婚礼的号召，上海市政府就率先做出积极响应，于1935年2月7日公布了《上海市新生活集团结婚办法》，里面关于集体婚礼的倡导宗旨是“简单、经济、庄严”，凡是上海市准备结婚的市民都可以申请报名，婚礼由当时的社会局出面举办，证婚人则邀请了市长和社会局

1935年的一场新式婚礼，新娘穿着改良旗袍，新郎穿长袍

局长，场地设在市政府大礼堂，庄严、体面而又有纪念意义。而且集体婚礼的费用还非常低，新人们只需要缴纳20元手续费以及几张全身照和半身照即可。

集体婚礼的消息一发出，很多准新郎新娘前来报名。社会局对前来申请报名的人进行认真的审核，最后有57对新人通过了审核。

一场隆重而新式的婚礼被筹备起来，市政府大礼堂被布置得喜气洋溢，红地毯、鲜花、红蜡烛和装饰彩带一样都不少。1935年4月3日，中国首场集体婚礼在上海市政府大礼堂隆重举行。

旗袍成为集体婚礼上必不可少的新娘礼服

婚礼当天，人们最期待看到的就是美丽的新娘和俊朗的新郎，新郎新娘的着装也成为众人关注的焦点。中国的婚礼中，喜服是结婚仪式中极为重要的一个细节，精美的喜服能将婚礼现场的气氛渲染到最佳。

在中国首场集体婚礼中，新人们会穿着什么样的结婚礼服呢？新郎们都穿着深色的长袍和马褂，新娘们穿的则是当时最为流行的旗袍。旗袍长度盖到脚面，整体用浅粉色缎面布料做成。除了旗袍，新娘们头上还佩戴西式白头纱，手上是素雅的白手套，手中捧着一大束淡雅别致的鲜花。在新郎新娘的胸前带着印有“新生活集团结婚”字样的红丝带，新人们的一身装扮看起来端庄稳重、优雅大方，既有中式传统风格，也带着西式元素。据说，当时让新人们这样穿是为了表示，中国传统文化不能丢失，但是西方文化也要接受。

集体婚礼引起了各方的关注，前来观礼的人里三层外三层，新人双方的父母长辈以及亲属也都纷纷来到了现场，为新人们送上诚挚的祝福。

新人们在礼堂外排着整齐的长队，工作人员带领他们井然有序地步入礼堂，在孙中山先生像前鞠了躬，然后证婚人向他们颁发结婚证书以及纪念章。

就这样，集体婚礼的形式渐渐被普及开来，这种经济、新潮的结婚方式从上海传到了中国其他地方。

PART 05

引领旗袍风尚的民国佳人

从古至今，每个时代都有特别引人注目的佳人，她们是一个时代的闪光点，她们的发型妆容和穿衣打扮总能成为人们目光的焦点，也成为女性们效仿的参照物，她们引领着一个时代的潮流风向以及大众审美。

民国佳人爱旗袍

汉朝有个美人叫卓文君，不仅美貌，还很有才华，喜欢把眉毛画得像远山一样朦胧起伏，人们给这种眉形取名为“远山眉”，受到历朝历代女子的喜爱。在现代社会，每当服装设计师们在发布会上推出新一季的服装款式，或者当万众瞩目的明星们穿着各种时髦衣服出现在公众视野，之后这些款式便会被大众追捧。在旗袍盛行的民国时期，也有一群引领潮流的佳人，她们是这个摩登年代走在潮流前端的人，她们都爱旗袍，也推动着旗袍的流行。这些民国佳人深深影响着大众审美，是民国时期最耀眼的花朵。即使是今天，她们留在老照片上的倩影依然深深打动着我们，经典的美是可以跨越时代的。

爱旗袍的民国佳人们可都大有来头，她们有的是民国最当红的明星，比如影后胡蝶、金嗓子周璇、阮玲玉、顾兰君等等，还有的是名媛，比如黄惠兰、陆小曼、唐瑛、严仁美等，她们拥有美丽的容貌和优雅的气质，以及足够大的影响力和受关注度，民国时期的杂志上常常可以看到她们烫着头发、穿着旗袍的婀娜身影。明星因为荧幕形象或者美妙歌声被大众所认知和关注，她们所穿的旗袍款式向来是大家订制旗袍时的参考款。而名媛们的气场和名气一点不输给明星们。她们出身名门大家，由于家境殷实，她们从小就受着良好的教育，眼界开阔、举止端庄、绝佳的气质和不凡的服装品位让她们成为大众谈论的焦点，这些旗袍流行的领军者，也是名副其实的“民国时尚达人”。

民国时期最会穿衣的女人

众多“民国时尚达人”中有一位不得不说的女人，就是黄蕙兰。她是民国时期著名外交官顾维钧的第三任太太，也是南洋“糖王”黄仲涵十分疼爱的女儿，是民国最会穿衣的女人。

黄蕙兰1893年出生于爪哇（即现在的印度尼西亚），父亲是爪哇华侨首富，母亲是当时爪哇中国城第一美女。黄蕙兰可以说是真正含着金钥匙出生的。家中的房子占地200多亩，有数百家佣，每天吃的肉和牛奶等都是从澳大利亚空运过来的。家中欧式厨房的总管曾任荷兰总督的大厨师。黄蕙兰幼时与父母一起吃饭时，总有一个管家和6个仆人伺候在侧，所用餐具也都是银制的。3岁时，母亲更是送给她一条镶嵌着80克拉钻石的黄金项链。为了让黄蕙兰拥有良好的修养和文化底蕴，家人让她从小学习舞蹈、音乐、美术等。当时的黄蕙兰虽然还很年轻，却去过很多国家，精通法、英、荷等6国语言。

一次偶然的机会，黄蕙兰结识了被誉为“民国第一外交家”的顾维钧，两人不久便坠入爱河。1920年，黄蕙兰和顾维钧在布鲁塞尔中国馆举行了盛大婚礼。在黄蕙兰嫁给外交官顾维钧之后，她的才能与穿衣品味得到了充分展示，尤其背后有雄厚的财富做支撑，让她在外交的舞台上如鱼得水。

黄蕙兰认识到她和丈夫的外交身份决定他们的形象直接代表中国在国外的形象，通过自己的穿着打扮可以让外面的世界领略中国的文化。“我俩是中国的橱窗，很多人会根据我们的表现，来确定他们对中国的看法。”于是，每次和顾维钧一起与不同国家的使节见面时，黄蕙兰都会穿戴十分讲究。时髦美丽又谈吐风趣、见识广博的黄蕙兰被外国友人称为“远东最美的珍珠”。不仅如此，黄蕙兰还非常热爱自己的祖国，也非常勇敢。她曾不惜自掏腰包，斥巨资修缮中国驻巴黎大使馆，来维护中国的对外形象。伦敦大轰炸期间，她让家人躲进防空洞，自己却在使馆楼上正襟危坐，坚持“不愿意使馆被炸时活埋在防空洞，要死也要体面地死在楼上。”

相貌、交际都十分出众的黄蕙兰也非常时尚，曾经被美国时尚杂志Vogue评为20世纪20~40年代“最佳着装”的中国女性，可以说是民国第一时尚icon。她穿过的款式总会很快流行起来。

黄蕙兰很喜欢旗袍以及其他中式的衣服，她所穿的“中国风”衣服让外国友人们感受到了中国传统服饰文化之美，更是让西方的玛丽王后、摩纳哥王妃以及杜鲁门的妻子等名流赞赏有加。有一次，黄蕙兰在香港看见

黄蕙兰的百子嬉春旗袍

有人把一件中国传统样式的绣花裙盖在钢琴上遮灰。善于发现美的她一下就看出这条裙子中蕴藏的价值，于是买了很多带回巴黎，在晚宴的时候她穿上古董绣花裙惊艳了全场。这种原本无人问津的古董绣花裙的价格也因此疯涨了几百倍。

黄蕙兰的穿衣品味是特立独行的，也就是这份“自我”让她的着装打扮被众纷纷效仿。民国时期，中国上流社会的女人们都很热衷用法国面料做旗袍，而黄蕙兰偏偏推崇“中国风”。她曾经说：“我开始选用老式绣花和精致的丝绦，精美的中国绸缎，有些是古色古香的。我选用这些衣料，择取中国传统式样的特色制作我的服装。她们不懂得本国丝绸之美的价值，不明白那种地道的中国手艺是如何精彩绝伦。”

黄蕙兰热爱中国传统的绸缎和精美的刺绣，她的旗袍总是选用丝绸面料来制作，上面还有重工刺绣。她有一件叫“百子嬉春”的旗袍现如今经常出现在各大展览上。这件旗袍用艳湖蓝色的丝绸缎面布料为底，上面“百子嬉春”的刺绣精致而生动，图案几乎布满整件旗袍。“百子嬉春”早已成为民国时期旗袍中的代表之作。社会名流们看见后，纷纷开始效仿，几乎人手一件刺绣重工旗袍。

据说，宋庆龄开始选择穿旗袍也是受到黄蕙兰的影响。宋庆龄以前大多穿上衣下裙的款式，这样虽然端庄得体，但少了几分时尚靓丽。有一次她来黄蕙兰家暂住，看到黄蕙兰的衣柜里面挂满了各种时髦新潮的衣服，都震惊了。后来在黄蕙兰的建议下，宋庆龄穿上了旗袍，旗袍让她显得大气、得体、优雅又美丽，此后宋庆龄的着装多是以旗袍为主的。

黄蕙兰的着装风格也影响着大众的审美，这中间还有一个有趣的故事。有一年冬天黄蕙兰去上海，因为皮肤不适，穿不了袜子，于是只能大冬天光腿穿旗袍，没想到却被上海的妇女们纷纷效仿。

2015年，以“中国：镜花水月”为主题的纽约大都会艺术博物馆慈善舞会及展览中，就有一件黄蕙兰在1976年捐赠的旗袍。这件制作于1932年的中式旗袍极其精美，上面绣满了中国传统图案，既传统又时尚。

宋美龄的“旗袍博物馆”

民国时期最引人注目的中国姐妹花一定是宋氏三姐妹，三姐妹分别嫁了三位民国时期最具影响力的男人，大姐宋蔼龄嫁给了孔祥熙，二姐宋庆龄嫁给了孙中山，妹妹宋美龄嫁给了蒋介石。当时的她们是人们关注的焦点，她们的着装自然也成为人们谈论的热点。宋家三姐妹的气质优雅大气，她们的旗袍端庄、优雅、得体。

三姐妹中，妹妹宋美龄是最喜爱旗袍的。据说，1991年宋美龄准备去往美国定居的时候，她随行携带的行李箱多达百个，其中有近半数箱子装的都是她钟爱的旗袍，足以看出宋美龄有多喜爱旗袍。

宋美龄的旗袍都是谁做的呢？起初，她会找旗袍铺子的裁缝到她的府邸进行量体定做，其中有一位叫张瑞香的裁缝很符合她的心意。张师傅做的旗袍穿上十分合体舒适，对风格的把握也比较准确，为人又忠厚老实，于是宋美龄把他招进自己的府邸做随身裁缝。之后，宋美龄的旗袍基本都是张瑞香制作的。宋美龄的社交活动很多，对旗袍的需求量巨大，进府后的张瑞香平均两三天就会制作出一件旗袍。据说除了除夕，其余时间张瑞香都在忙着做旗袍。

张瑞香兢兢业业的工作态度以及精湛的手艺让宋美龄十分欣赏，于是

1945年8月15日，美国纽约，宋美龄拿着日本投降消息作为头条新闻的报纸，记者在为宋美龄拍照

走到哪里都带上他，连一些出访国外的活动也都会带上他随时为自己调整旗袍。很多官员的太太们知道宋美龄喜爱旗袍，总会投其所好地赠送各种别致的面料。这些多到数不清的面料被张瑞香按材质和颜色分开，不同颜色和材质的面料被用来制作不同款式的旗袍，夏天用浅色的面料做，秋天选用颜色稍微深一些的面料，而颜色最深的面料通常被用在冬季。

张瑞香制作了无数件旗袍，其中大多数是宋美龄自己穿，她在不同的场合穿上不同样式的旗袍，还有一小部分旗袍被宋美龄作为礼物送给外宾或朋友。在张瑞香制作的众多旗袍中，有一件宋美龄1943年在美国国会演讲时穿的黑色紧身旗袍，不仅是张瑞香最得意的作品，也是宋美龄最喜欢的旗袍。这身黑色旗袍让宋美龄显得优雅得体，惊艳了在场所有人的目光，后来宋美龄把它珍藏起来，每次搬家她都会特意嘱咐将这件旗袍收好。

张爱玲的旗袍梦

中国家喻户晓的女作家张爱玲1920年生于上海，她的祖父是清末名臣张佩纶，祖母是晚清名臣李鸿章的长女，家世显赫的张爱玲是一个天生的文学才女，7岁便开始写小说，12岁时作品已经在校刊和杂志上发表。她一生的文学作品不计其数，其中有很多还被现代人拍成影视剧搬上了荧幕。

张爱玲的才华不仅限于文学上，她还善于绘画，为自己的书画插图。在穿衣上也有自己独到的见解，与众不同的着装风格让人过目难忘，我行我素的气质让她在那个年代显得格外出众。

张爱玲酷爱旗袍，她穿着的旗袍是有态度的。如果说明星、名媛是民国时期的时尚达人，那张爱玲一定是民国时期的潮人先锋。张爱玲从小爱美，12岁拿到了人生的第一笔稿费后，马上买了一支丹琪唇膏，丹琪唇膏是当时最火的口红牌子。

张爱玲成名后，稿费颇丰，更是购置了各式各样的漂亮旗袍。她笔下的女性人物、所画的插图中的女子也多穿着旗袍，身材婀娜、摇曳生姿。不仅如此，张爱玲还自己绘制旗袍设计图，然后找手艺好的裁缝来制作。冬天她会定做窄袖紧身低领带绒夹里的旗袍，开衩到膝盖，外面搭配上海虎绒大衣，而春秋季则喜欢低领且有束腰带的旗袍款式。张爱玲还给自己设计了很多在当时显得十分惊世骇俗的衣服，穿着它们穿梭行走于人群中。有一次，她做了一件连衣裙，上面虽然是常规的样子，但下面竟被做成了大灯笼的形状，当她穿着它从马路上招摇而过时，引来了所有路人的目光。

张爱玲和好朋友开过一家时装店，店里不仅售卖独特的衣服，还给人提供穿搭衣服的建议。她们在《天地》杂志上做了广告，当时已成名的张爱玲写时装店介绍《炎樱衣谱》为店铺带来了不少关注。《炎樱衣谱》类似现在的软文广告。当时有一条写着："绿袍红钮：墨绿旗袍，双大襟，周身略无镶滚。桃红缎的直脚钮，较普通的放大，长三寸左右……"这样一件桃红配绿的撞色旗袍在当时真是不多见，风格绝对时髦前卫。

当时，人们把样式、配色独特的服装都叫"张爱玲式"，这并不是指这些款式都是张爱玲设计的，而是在人们心中，张爱玲代表了一种美的独特态度，看见独特的衣服就会自然联想到张爱玲。而在女性追求思想解放的年代，张爱玲的衣着恰好也诠释了女性向往解脱的态度。

张爱玲对服装有很独到的见解，曾写过一篇很有名的散文叫《更衣记》，以独特的观点阐述了中国服饰的变迁。比如，她认为在清朝统治的300年中，女性没有时装可言。而对于民国初期开始日新月异变化的时装，张爱玲则认为这并不一定是活泼精神和新颖思想的体现，反而代表了呆滞。因为人们在混乱的时局下，没有能力改良他们的生活，于是只能够创造他们贴身的环境。关于旗袍的流行，张爱玲更是认为这都源于女子对男子的蓄意模仿。

有很多人在张爱玲的文学作品中找到了自己最爱的旗袍款式，她笔下的旗袍有着不同的款式和风格，是人物性格与命运的象征与写照。

《半生缘》里的妹妹曼桢是一个文静美丽的少女，穿一件浅粉色旗袍，旗袍的袖口上压着极窄的一道黑白辫子花边，这道黑白撞色花边衬托着曼桢柔弱与坚强并存的性格。而姐姐曼璐一出场，张爱玲是这样描写的：“穿着一件苹果绿软长旗袍，倒有八成新，只有腰际有一个黑隐隐的手印，那是跳舞的时候人家手汗印上去的。”一个带有风尘味道的女子形象就这样被张爱玲写活了。曼璐旗袍腰际上的印记一方面体现曼璐的舞女身份，另一

张爱玲

※ 引领时代审美的一代佳人，穿旗袍的张爱玲雕像

方面暗示她舞女的身份像一个洗不掉的印记一般伴随她一生。

《色戒》里王佳芝出场的旗袍，张爱玲是这样描写的：“电蓝水渍纹缎齐膝旗袍，小圆角衣领只半寸高，像洋服一样。领口一支别针，与碎钻镶蓝宝石的‘纽扣’耳环成套。”顿时，一个别致出众的旗袍女子形象从文字中呈现出来。后来这部小说被改编成热映一时的电影，影片中王佳芝更换的二十几身旗袍是电影的一大看点，小说中描写的“电蓝水渍纹缎齐膝旗袍”也被高度还原。随着故事情节发展，影片中王佳芝的旗袍款式也在不断变化，这些旗袍烘托着故事的发展节奏，比如一开始王佳芝身穿蓝色布

电影《色戒》中女主人公王佳芝的旗袍剧照

学生旗袍以及其他几身质地朴素的旗袍，潜伏在易先生身边时穿的旗袍则款式别致、线条性感，而在最后刺杀易先生失败后，她又回归到蓝布旗袍和格子布旗袍。

张爱玲曾说："对于不会说话的人，衣服是一种语言，随身带着的是袖珍戏剧。"无论在笔下还是现实中，张爱玲都用衣服，尤其是她最爱的旗袍，表达着她对人生的态度。1995年，在张爱玲人生的最后一刻，她穿着的也是她最爱的衣服——一件赭红色的旗袍。

PART 06
被镜头定格的旗袍美人

相机可以让时间定格，多年以后依然能够呈现出时间定格那一刻的美好，如今我们要一睹20世纪三四十年代旗袍风靡时期的女子有多动人，需要借助那时留下的老照片。

很多旗袍女子的老照片是那时的照相馆拍的，也有摄影爱好者拍的。那个年代照相不像现在这样便利，并非每个人都能随时用相机记录美好，拥有相机本身就不是件容易的事。据说，当时拍照片是一件十分奢侈的事，拍一个普通的全身照需要一两块大洋，如果放大照片或者给照片着色则需要花上十几块大洋，这些钱都够普通人家买上几百斤粮食了。

用镜头记录东方美的犹太摄影师

民国时期，上海的照相馆里最有名的大概是王开照相馆，这里的摄影师用相机记录下了无数民国女明星的美丽瞬间，这家名气响当当的照相馆如今依然屹立在上海南京路上。但要说上海照相馆里最特别的，一定是由犹太摄影师Sam Sanzetti开办的照相馆，大概在不同的文化视角下看见的美是不同的。Sam Sanzetti拍摄的人物照片总能呈现出一种与其他照相馆完全不同的美感，这也许就是他对中国美的解读与诠释。作为一个外国人，中国人身上所带的魅力在他眼中能呈现出完全不同的效果。凭着强大的拍摄功力以及对美的全新表达，Sam Sanzett成为民国时期上海最炙手可热的摄影师之一。

1921年，Sam Sanzetti来到了中国上海，他对这个东方的陌生城市有种莫名的好感，这里的一切都让他感到好奇，他给自己起了一个中文名字叫沈石蒂。

刚来到上海的Sam Sanzetti靠做一些杂工维持生计，他很爱摄影，攒钱买了一部小相机，用它记录中国的风土人情。一位摄影师偶然看到了他的这些摄影作品，觉得Sam Sanzetti很有摄影天赋，于是给他了一份照相馆的工作，从此Sam Sanzetti走上了职业摄影师的道路。

过人的天赋和对摄影的热情让Sam Sanzetti在上海渐渐有了名气。1927年，他在南京路上开了属于自己的照相馆——沈石蒂上海美术照相馆。找他拍照片通常靠的是口碑相传，即便没有大肆宣传，也有很多明星、富豪、社会名流纷纷慕名而来，比如当时的影后胡蝶和歌星周旋。

Sam Sanzetti的人像作品中有一张特别引人注目，上面是一位美丽的，有着大眼睛的芭蕾女孩。2011年，以色列驻上海领事馆在微博上发布了Sam Sanzetti拍摄的二百多张老照片以及一段话："今天开始我们会陆续放上一些老照片，所有照片都是20世纪20年代居住在上海的一个犹太摄影师沈石蒂（SamSanzetti）所拍摄的。因为年代久远，照片上的人物的名字都没有被记录下来。如果你看到照片上有你认识的人，或许就是你的祖父、祖母，请让我们知道。"在这次寻找中就找到了那位美丽的芭蕾女孩，此时她已经是一位74岁的老人，名叫洪落霞，据她回忆："那时很多照相馆拍出的照片都十分雷同，都是一个花哨的背景。沈石蒂的照片非黑即白，却能展现出人物最美的一面。我以后拍的照片都不如这张。"

Sam Sanzetti镜头下的人物都有一种油画般的艺术感，虽然是照片，但更像一幅艺术品，他对光与构图的把握很到位，用简单的背景把人物最美的状态衬托出来，这样的表达方式对一位功力足够强大的摄影师来说是最好不过的，可以纯粹展示出自己对人物的解读。

Sam Sanzetti的摄影作品最打动人的地方是他能精准捕捉到人物的状态和神韵，他照片中的人物在美丽与优雅的基调下同时还保持着一种真实自我的感觉，他的镜头总能捕捉到不一样的精彩瞬间。

Sam Sanzetti曾经在上海拍摄了20000多张人像照片，这些照片里有很多记录的是穿旗袍女子们的青春年华。照片中的她们烫着讲究的卷发，穿着合身的旗袍，用不同的样貌在诠释着共同的优雅。

有一张很经典的照片上是一个手拿白色百合花的女子，她穿了一件高领一字扣棉麻质地的旗袍，头上的烫发造型很特别，弯弯的细眉下是一双丹凤眼，她的眉目间传递出中国人的含蓄与温婉之美，看起来在恬静中又带着一点俏丽。这张照片上的形象大概就是外国人眼中最美中国女子的模样。

另一张照片是上了颜色的，照片上的女子穿着淡绿色碎花旗袍，旗袍的质地看起来好像是柔软的真丝面料，她嘴上涂着口红，虽然也是丹凤眼，却有另一番气质，多了几分贤良淑德的温暖之感。

还有一张照片上的女子穿着艳丽的大花无袖高领旗袍，搭着一条毛皮披肩，这身打扮是民国时期最时髦的。这个女子的长相十分俊俏，耳朵上戴了珍珠耳钉，一头烫发做得很精致，洁白整齐的牙齿从灿烂的笑容里露了出来。Sam Sanzetti的镜头让我们在几十年后的今天还能一睹她的芳颜。

从Sam Sanzetti拍摄的老照片中，人们能领略到上海女子最美的时光以及中国旗袍最辉煌的记忆。1957年，Sam Sanzetti离开上海在以色列定居下来。晚年他回忆说："我一生中最灿烂的时光便是在上海，上海是独一无二的，五光十色的，我仿佛能看到她缤纷的色彩，闻到她丰富的气味……"

第四章

旗袍的工艺之美

一件旗袍的美丽需要各种工艺来成全，除了最基本的裁剪、缝制、整烫等以外，盘扣和刺绣是旗袍制作中点睛的灵魂工艺，它们从手艺人的智慧中诞生，以非凡的形式赋予了旗袍生命力，成就着旗袍的美丽。

旗袍　中西合璧的服饰文化

PART 01
盘扣，旗袍上的精气神

张爱玲曾说："细节往往是和美畅快，引人入胜的。"中国旗袍上最引人入胜的细节一定是盘扣。

盘扣是一个以精巧取胜的美丽小物件，是旗袍以及各种中式衣服上最画龙点睛的一笔。盘扣有简单的一字扣，也有富有造型感的花扣，它的作用就如同我们现在衣服上的扣子和拉链，起到链接衣襟和领口的作用，而花扣还能有装饰美化的作用。盘扣是一种属于中国传统服饰的扣子，几乎中国所有的传统服饰上都能看到它的影子。

盘扣在具有现代感的衣服上不常见，它仿佛是专门为旗袍以及中式衣服而生的，尤其是盘成花形的盘扣通常只出现在旗袍的领间，大约只有旗袍以及领间的显眼位置才能配得上它的美。如果盘扣出现在一件具有现代感的衣服上，那么不管这件衣服的款式如何另类潮流，也会瞬间变得带有中国味道，这大概就是盘扣所具有的魔力吧。

人类的智慧有时真的到了让人称奇的地步，他们总会在有关于美和功能性的奇思妙想中发明出种种玲珑的小物件。西方洛可可时期，人们用宝石做成精致而贵重的扣子，华贵的扣子上体现着镶嵌工艺的精妙，这种扣子成为当时西方服饰上的一大亮点，而中国人则用做衣服的柔软面料做出

“龙凤旗袍”制作的精美盘扣

了盘扣。这种扣子有一种刚柔并济的美，因为它把面料的柔软和手工艺中的刚劲力道完美融合在一起。盘扣取材于柔软的衣料，却被匠心转变成了另一种完全不同的形式，它与衣服是“你中有我、我中有你”。盘扣被缝在一件旗袍或者中式衣服上时，由于源自相同的材料，总能达到浑然天成的效果。盘扣就像面料通过手工凝结出的精华一般，让衣服散发出更浓烈的中国味道。

好的盘扣通常使用与旗袍同样材质的真丝绸缎做成，如果旗袍用的绸缎较厚，盘扣则选用同色系但稍薄一些的真丝绸缎，有一种叫“素缎”的真丝面料是做盘扣的不二选择。有时，盘扣和旗袍是一种颜色，而有时盘扣上的颜色与旗袍上刺绣以及面料的用色会相互呼应、相互衬托或者形成互补。电影《一代宗师》里主要角色的旗袍都以大气淡雅的风格为主，款

╳ 盘扣是中式服装不可或缺的

式上没有过多的装饰，面料颜色也很素雅，这些反而让整齐排列于领间的盘扣成为点睛之笔。整部电影中，旗袍上出现的盘扣几乎没有花式的造型，以一字扣这样简单的盘扣为主，每粒扣子都被编得精致有型，但领口运用的花边以及盘扣极为整齐讲究的排列，反而给人一种丰富之感，极有细节感的领子与衣身的素雅形成对比，相互衬托，让旗袍设计显得松紧有度，格外有层次感。即便是最素雅简单的旗袍也能表现得十分精致，盘扣便是决定精致成败的重要细节。

不简单的一字扣

盘扣的样式有一字形的，这也是最常见的，也有在一字扣基础上把中间编织的扣子换成玉石、珍珠、玛瑙等带有中国味道的珠宝的。盘扣还可以是造型感极强的花形盘扣，它除了起到扣子的作用外，更被人看重的是它的装饰性。通常，一件高品质的旗袍会在领口和门襟胸前的位置用上花形盘扣，其他地方则采用一字扣，也有的旗袍全部使用一字扣，这看起来会更素雅低调。

一字扣作为使用最多的一种盘扣，历史也最悠久。秦始皇陵中的兵马俑跪射俑的衣服上就出现了一字扣。

“盘扣”两个字精准描述了古人发明它时的心思，“盘”描述了盘扣的工艺，而“扣”体现了盘扣的功能，古人用布料编织出盘扣，就是为了固定

× 一字扣会让旗袍看上去更加素雅

衣服门襟的。最初，盘扣是一种功能性的存在，后来逐渐衍生出了装饰的作用。做一颗一字扣需要把面料先做成细长条子，然后通过特殊的编结方法编制而成。将做好的一字扣缝在旗袍上需要师傅有很巧的手艺和极佳的耐心，一针一线均匀固定，丝毫急不得。

花扣，盘在领间的花样年华

花形盘扣就像盘在领间的一朵精致而美丽的花，精美别致的造型往往更让人倾心。一枚花形盘扣的工艺可比一字扣烦琐得多，更考验制作者的手艺。首先需要把丝绸布料剪成宽窄均匀的长布条，然后在折整齐的布条中放入细铜丝，铜丝的柔韧性就是花形盘扣造型百变的关键所在，之后用镊子将带铜丝的布条一点点盘出想要的花形，这听起来好像并不太难，其实想做出好的花形盘扣需要练上好几年才行。

做花形盘扣，比手工技巧更重要的是制作者的审美眼光。一枚好看的花形盘扣是根据旗袍款式以及刺绣图案来设计制作的，不同款式的旗袍拥有不同造型的盘扣。没有好的审美做基础，便做不出造型独特的盘扣。

上海老字号“龙凤旗袍”的每件旗袍上的花形盘扣都不一样，绣着孔雀图案的旗袍上配的是孔雀尾羽造型的盘扣，绣着“喜上眉梢”图案的深色旗袍搭配的是亮色的梅花造型盘扣，十二生肖竟也被心思巧妙的旗袍师傅做成了盘扣，每一个小动物都活灵活现、灵巧可爱。在传统盘扣花形的基础上，“龙凤旗袍”还设计出了更多符合现代人审美的新花形。同时，为了让更多人感受盘扣工艺的精妙美好，“龙凤”有时会开设手工课教大家手

“龙凤旗袍”的师傅正在制作精美盘扣

盘于领间的花样年华，“龙凤旗袍”制作的梅花形盘扣，和旗袍上“喜上眉梢”的图案相呼应

工制作简单盘扣。

在北京，京式旗袍传统制作技艺第五代传人张凤兰也是一位善于制作各种造型花扣的高手。她制作每一枚盘扣都需要经过选面料、给面料刷浆糊、裁剪打条、缉缝、放入铜丝、高温熨烫复合双面衬等二十多道工序才能完成，极为耗时，复杂的扣子甚至需要花费许多天才能完成一枚。张凤兰在传承盘扣技艺的同时，也做了许多符合时代需求的创新。为了迎接2022年冬奥会，她把盘扣制作成雪花的造型，配色也是雪花洁净的颜色，一枚枚独具匠心的精美“小雪花”让人看了心动不已。

PART 02
刺绣，绣出来的繁花似锦

漂亮的印花布料做成的旗袍固然美丽，却缺少了些许中国传统手工刺绣工艺带来的隆重和惊艳。旗袍上最灵动的图案往往都是通过手工刺绣来呈现的。使用极细的丝线绣成的图案，需要大量的时间以及专注的心神，这些用心血绣制出的图案最能牵动人心。手工刺绣和旗袍都是中国传统服

旗袍上的精美刺绣

饰文化中的璀璨亮点，它将图案里饱含的细腻情感传递出来，旗袍也因刺绣的加持，获得了最鲜活的生命力。

旗袍上的手工刺绣图案，用比头发丝还细的丝线一针针绣成图案，虽然需要付出大量的时间和心血，但灵活性强，想要什么样的图案都可以随心绣出，如同用针线在作画。

带手工刺绣的旗袍是中国旗袍中最经典的。在很多中国人心中，一件真正意义上的旗袍一定要是手工裁制加上手工刺绣的。当然，手工刺绣旗袍的价格也是所有旗袍中最贵的，甚至有时绣制图案所花的成本比制作旗袍本身更高昂。在现代化的今天，人们为了降低绣花旗袍的价格，机器绣花经常被用到旗袍上，这样的绣花旗袍价格便宜了许多，图案也还算精美，但是手工刺绣赋予图案细腻的颜色变幻与生动的形态变化是机器难以做到的。

用针线在旗袍上作画的苏绣

中国传统手工刺绣分为很多种，比如苏绣、京绣、蜀绣、顾绣、苗绣等，甚至还有用头发做成的发绣以及用马尾绣出的马尾绣，旗袍上常用到的是苏绣。

苏绣起源于苏州吴县（今苏州吴中区、相城区）一带，有两千多年的历史，是中国的四大名绣之一。由于苏绣针法活泼、绣工细致、图案生动写实，所以成为大家做旗袍时的首选。如今上海很多旗袍店的绣制旗袍用的就是苏绣，而北京APEC会议上，领导人及夫人们所穿的中式服装上的刺

做工精良的苏绣

绣纹样也是苏州绣娘们绣的。不过根据旗袍的不同款式和面料，人们也会选择其他种类的手工刺绣来装饰自己的旗袍，以达到最佳的上身效果。

苏绣就像用针线在作画，丝线的颜色极为丰富，即便在同一色系里也可以分出很多颜色，色彩丰富的线就像颜料一样，而绣花针就如同笔，针和线可以在布料上绣出特别写实的图案，尤其颜色的过渡可以做到十分的柔和自然，苏绣的多种针法就像画画的笔法，靠它能展现出图案中不同位置的不同质感，所以有人甚至会用苏绣来绣制照片，成品也能像照片那样达到栩栩如生的效果。

图案是如何被绣到旗袍上的

旗袍上，人们最喜欢用彩色丝线绣制各种花卉、鸟类以及蝴蝶的图案，这些图案是怎么被绣到旗袍上的呢？这里面的工序可谓大有讲究。

刺绣是在旗袍做成之前完成的。首先，根据旗袍的设计图绘制出刺绣图案，然后把旗袍的裁剪纸样做好，把裁剪纸样拓在一种半透明的纸上，再在这张半透明的纸上画上之前设想好的刺绣图案，图案的大小、形态以及位置都要一笔一笔地画出，因为这张纸上图案呈现的位置和效果就是最后会在旗袍成品上呈现的位置与效果。

耐心的绣娘会用细针沿半透明纸上的图案线条均匀地扎上小孔，待小孔全部扎好，绣娘会把这张半透明纸铺在布料上，拿布球沾上一种特制的白色液体刷上去。白色液体透过小孔印在布上，绘制在纸上的图案就这样被完整地挪到了布上。之后，绣娘按布上的图案印记刺绣。绣成后，制作

※ 手工刺绣旗袍

旗袍的师傅需要再次用纸样核对布上的图案位置，检查无误之后就可以挥动剪刀进行剪裁，以及后续缝制。当旗袍完成时，就会看到之前设想的图案已经被完美精准地呈现在旗袍上了。

重工刺绣的中式传统喜服

旗袍上的一抹金光灿烂

彩色丝线绣成的图案很写实，而另一种用金色线绣出的图案则会呈现出无与伦比的华丽，这种华丽非凡的刺绣叫盘金绣。据说盘金绣源自于苏绣，常出现在结婚的旗袍或者中式晚礼服上。很多中国新娘定制结婚穿的旗袍时，都会选用盘金绣。金线的闪烁光芒会产生喜庆和隆重的视觉效果。婚礼穿的旗袍上常常大面积地使用盘金绣。有时盘金绣也会和彩色丝线绣制的图案一起出现，金线被盘绣在彩色图案的边沿以及下摆、领口、袖口等位置，两种颜色的刺绣用在一起时效果更佳。

盘金绣的绣制手法和彩线刺绣完全不同，绣娘先要把两根金线并在一起，然后沿着图案的外形小心地放好并压平，之后用绒线将两根金线牢牢固定在图案上，再用两根金线沿着图案的形态走势盘绕，每隔一小段就用

旗袍上的盘金绣

绒线固定一下。不断重复此过程，直到整个图案被盘绣完为止。大概就是由于这种绣法是在边盘边绣中完成，所以得名“盘金绣”。

做盘金绣时需要先对一个图案所用的金线长度进行一个预测估量，金线长度必须够用到图案绣制完成，两根金线在盘绣的过程中不能断，必须一盘到底，接线会大大影响成品的效果。一旦断线，就算找来盘金绣高手也难以补救。新学习盘金绣的人常常因为拿不准金线所需要的长度，费尽心力绣到中途，金线用完，所有心血都白费，只能重新再来。

刺绣高手绣制的盘金绣通常把金线盘得十分紧密，看起来平平整整、扎扎实实，就像在面料上镶上了金属的装饰一样。

PART 03
不同面料赋予旗袍不同气质

一件衣服的面料除了可以展示最直观的视觉效果外，带给穿着者的触感也非常重要。面料的功能性以及舒适度往往成为它被选择的重要参考指标。面料就如同衣服的皮肤一般，为穿着者展现美丽的同时，也带来温暖与舒适。

旗袍通常会选择什么样的面料呢？丝绸、棉、麻、蕾丝、毛呢、人造皮革、夹棉、丝绒、化纤面料，甚至亮片、塑料和纸都曾被用来制作旗袍。不同质地的面料赋予旗袍不同的触感和造型，柔软面料制作的旗袍贴合身形，厚毛呢或者夹棉面料制作的旗袍看起来像一件大衣，而用人造皮革制作的旗袍则自带一种时装气质。

丝绸与旗袍的情缘

在多种面料中，丝绸和棉质的面料绝对是旗袍的首选，尤其是丝绸。

中国丝织的历史可以追溯到5000多年前。殷商时期时，丝织技术已

× 苏州丝绸旗袍

经发展得相当不错。西汉时，中国丝绸已经开始走出国门，还走出了一条“丝绸之路”，中国也因此被称为“丝国”。

在古代，丝绸是全蚕丝织造的，而现代，丝绸除了用全蚕丝纺织外，人们也会把蚕丝与人造丝混纺在一起，优质的旗袍通常都是用纯蚕丝纺织的真丝绸制作。丝绸本身便代表着中国味道，能够把旗袍的中国气质烘托到最浓烈，也就注定成为旗袍制作的最佳面料。

根据织法、染色等工艺的不同，丝绸的质感和样式呈现出多样性，有缎面的、亚光的，还有素色的、带图案的，质地上来说有厚的、薄的、半透明的等等，其中带光泽的缎面丝绸带着一种东方贵气，是人们做旗袍的最爱，尤其缎面丝绸搭配丝线刺绣的图案时，旗袍最经典的模样就出现了。20世纪三四十年代，老上海最会穿衣服的名媛黄蕙兰就最钟爱这样搭配制作出的旗袍。带丰富花纹的各种织锦面料也是制作旗袍的好选择，即使不刺绣，面料自带的图案也已经很有看点。

人们选择丝绸做旗袍，还有一个重要原因是丝绸柔润、丝滑的质地贴身穿极为舒适，有的旗袍甚至从面料到里子都选用不同质地的丝绸面料来制作。

棉布让旗袍素雅别致

相对于丝绸来说，棉布显得低调朴实得多，但是棉布柔软、透气、吸汗，非常适合贴身穿。用棉布制作的旗袍虽然没有丝绸旗袍的华美效果，却有一种邻家女孩般的亲切朴素，不管是素色还是带花纹的棉布都会让旗袍呈现出一种清新素雅的气韵。如果想在日常生活中穿旗袍，但又不想过于华美隆重，那棉布旗袍一定是最佳选择。

制作棉布的棉花并非中国原产的植物，据说它的原产地是印度和阿拉伯地区，后来辗转传入中国。《宋书》中首次出现带木字旁的“棉”字。宋末元初时，有一个叫黄道婆的妇人推动了中国的棉纺织。她早年向黎族妇女学习棉纺织技术，后来结合多年纺织经验，对松江一带（今上海一代）的棉纺工具进行改造，创造出“擀、弹、纺、织”的全套纺织工具，并将先进的纺织技术传授给大家，此后棉布也成为中国百姓常用的一种织物。

不同的面料赋予旗袍不同气质

图必有意，意必吉祥的面料图案

面料上的图案，赋予旗袍变幻无穷的美丽。旗袍面料上的图案以前有织上去的，有刺绣上去的，现在更是有印制的、手绘的，还有贴补的，甚至还可以用激光雕刻。

如果说一件旗袍是有性格与气质的，那么旗袍面料上的图案便是它最明显的性格特征与气质体现。面料上的图案千变万化，在无穷的变化里赋予了每件旗袍不同的气质，有的朴素大方，有的华丽贵气，有的性感多情，还有的寓意吉祥美好。

当清代旗女袍服还没进化成现代旗袍之前，衣服上常常用重工刺绣来为面料做图案装饰，而这些图案并不是随随便便绣上去的。中国传统习俗特别讲究有吉祥寓意的图案，一些图案的谐音和吉祥词句的发音正好相似，还有一些图案的形态给人吉祥美妙的遐想，又或者一些植物鸟兽因传说或者生长习性等给人传达圣洁美好的意味，人们就会把这些图案作为吉祥的象征绣在衣服上，以此来传达一种美好的心愿。

中国对吉祥寓意图案的运用最早可追溯到商周时期。凤凰自古就寓意神圣、权力和美好，商周时期把凤凰奉为神鸟，于是人们把凤凰变成凤纹刻在青铜器上，寓意统治者的“天命”。这时候的凤纹图案更像是一种抽象图案或符号。到了周代，帝王的服装上饰有十二章纹。十二章纹是十二种图案，有日、月、星、山、龙等，其中每一个图案都有一种寓意，比如日、月、星辰寓意照临，山寓意稳重镇定。

唐宋时期，吉祥纹样的运用大势发展，图案的寓意被延伸得更饱满，图案的形态也发展得更具象细腻，图案选择范围更广阔，使用范围更广泛，寓意也更贴近生活的愿景。例如，唐代的凤纹不再是符号化的，常常

※ 代表富贵的牡丹图案

是姿态生动而具象的，寓意也被赋予美满之意。象征吉祥的牡丹纹和宝相花图案在唐代已开始运用。宋代，梅兰竹菊等寓意美好品质的图案也被使用起来。

到了明清时期，人们对吉祥图案的运用到了炉火纯青的程度，可以说是“图必有意，意必吉祥”。

吉祥图案里有花草、有鸟兽，有时候还会将纹样与文字组合在一起使用，这样的组合可以表达出更丰富完整的寓意。比如，人们常常把“寿”字绣成圆形，然后再周围绣上五只蝙蝠的图案，这组图案寓意“五福捧寿”，其中蝙蝠的“蝠”和“福”读音一样，于是蝙蝠代表着幸福或福气。

在中国，龙和凤的图案自古一直是吉祥富贵以及权势的象征，是皇家

※ 中国人的传统喜服上常用金色线大面积刺绣龙、凤图案，寓意“龙凤呈祥”

专用的图案。1894年，慈禧太后在60大寿时穿了一件五福佛字龙袍，上面除了绣着龙的图案，还绣着大大小小很多个“佛”字以及日、月、山、河等12种图案。这些图案不仅代表着吉祥长寿，还象征着至高无上的权力。据说，这件龙袍慈禧一生也只穿过一回。当年这件五福佛字龙袍差点落入盗墓贼手中。好在盗墓贼不识货，认为它不值钱，把它丢弃在地宫西边的册宝座上。当时还有一条镶嵌着820粒珍珠的陀罗尼经被也躲过了盗墓贼的洗劫。这条陀罗尼经被上的图案可不是寻常寓意吉祥的图案，上面全是用金线绣成的经文及佛塔等，是佛家的圣品。

龙、凤图案在现代不再是皇宫权贵的专享图案，现代旗袍里常常会用到它们，尤其是结婚时新娘穿的旗袍上最常用，人们用金色线或者彩色线在大红色的丝绸面料上刺绣龙、凤的图案，它们不再代表权力，更多的是寓意“龙凤呈祥”，加上龙、凤图案的造型有一种天生的隆重感，所以人们特别喜欢把它们用在结婚或者其他隆重的场合中。

20世纪20年代，简化的旗袍流行起来，原本繁复的带着吉祥意味的图案也被简化。这时的旗袍流行素雅之风，面料的质感大多看起来很朴素。常用的面料颜色有蓝色、棕色、米色等，植物的图案常常点缀在上面。牡丹、海棠、梅花都是当时女性喜欢的。另外，如意纹也很常见，以一种淡雅的格调出现在旗袍上。牡丹花开的时候姹紫嫣红、花团锦簇，有一种繁荣的景象，所以它自古以来就寓意着富贵吉祥，梅花象征着自强不息、圣洁高贵。当玉兰花、海棠花、牡丹花以及桂花被用在一起绣成图案的时候，取牡丹的富贵之意以及其他几种花名的谐音，这种组合图案寓意着“玉堂富贵”。各种花卉图案在这一时期的使用通常不用大面积陈铺，而是用来点缀。

在现代，花草图案也经常被点缀在旗袍上，比如下摆和胸前，以突出清雅意境之美。

装饰性图案的百花齐放

到了20世纪30年代，旗袍西化并风靡中国的同时，很多新颖的面料也传入中国。面料上的图案极具装饰性，虽然不一定含有吉祥的寓意，但却让人耳目一新，尤其很多新面料上的图案还被做成了立体或闪亮的效果。比如蕾丝面料上的花朵图案总是以平面与立体相结合的形式出现，花朵的边沿带着凹凸的质感，还有带亮片的面料上若干闪闪发光的小片片拼出了闪烁的图案。这些新面料都有着前所未见的视觉效果，用它们做成的改良旗袍被赋予了新的精彩。

当然，很多女性还是会选择带有印花图案的普通面料，虽然图案是平面的，但花色应有尽有，有花草图案、可爱的圆点图案、流动的线条图案、不规则以及规则的几何图案等等，花色多到让人眼花缭乱，用这些面料做成的旗袍既经济实惠又时髦实用。

在旗袍风靡的20世纪30年代，很多名媛闺秀的旗袍喜欢绣上精致的有美好寓意的图案，一看就知道这件旗袍花费了不少工时。

有一件传世旗袍是用鲜艳的蓝绿色面料做成的，上面绣着千姿百态、大小不一的若干彩色蝴蝶，每一只蝴蝶都不一样，形态栩栩如生。远看这件旗袍，还以为是蝴蝶落在了上面。

也有的旗袍上的刺绣图案被简化很多，用一个完整的图案沿着旗袍的曲线绣在上面，简化不代表简单。还有一件传世旗袍是用黑色缎面面料做的，旗袍有高高的领子、简洁的门襟以及收得极好的腰线，在肩部顺延到下摆的位置绣着一枝开着紫色牡丹花朵的藤蔓，每个花瓣的形态都不同。藤蔓蜿蜒的曲线恰好把旗袍本就玲珑的曲线衬托得更加灵动，紫色的花朵在黑色面料上显得格外明艳。

现代旗袍的质地和图案更加丰富

到了20世纪40年代，处在战乱时期的中国人在旗袍的审美上也发生了改变，旗袍的轮廓变得简洁而实用，图案少了几分华丽，多了几分明快，格子、条纹等图案都是当时最受喜爱的，植物花朵图案也依然在沿用。

20世纪50年代，旗袍在中国大陆逐渐退出人们的衣橱，六七十年代更是少见旗袍的踪影。但是在海外，旗袍依然受到华人的喜爱。同时，在西方文化的影响下，旗袍的三围曲线更加明朗化，旗袍的下摆一再变短，在原有的优雅中多了许多青春活力，旗袍上的图案依然流行植物图案和几何图案，只是风格更加简洁婉约。

20世纪80年代后，随着改革开放的深入，人们生活水平不断提高，服装风格也在不断丰富，极具中国气韵的旗袍重新出现在人们的衣橱中。现代旗袍的款式延续了民国旗袍的大轮廓，但是在颜色、图案以及质地上都有了更多的选择。有人喜好棉麻质地的格子或条纹旗袍，也有人偏爱带着

※ 旗袍上代表吉祥寓意的“喜上眉梢”图案

金线刺绣图案的艳色旗袍，还有人喜欢人造皮革制作的旗袍。皮革旗袍虽然没有图案，但特殊的质地会让人显得十分帅气有型。现代旗袍层出不穷的花色选择只有你想不到的，没有你找不到的。

现代旗袍上也常用刺绣图案，曾经寓意吉祥和权势的龙凤图案以及代表富贵的牡丹图案是永恒不变的主题。在兼顾寓意的同时，人们更注重图案的装饰性。其他花草图案的刺绣也常出现在旗袍的下摆和胸前。在现代，还有很多新潮可爱的图案也被绣或印在了旗袍上，比如卡通图案，虽然没有任何寓意，却是潮流的代表。

明快的印花丝绸和带各种花纹的织锦缎是现代旗袍爱好者所喜欢的，它们让旗袍复古浪漫的韵味得到最大程度的保留。一种带暗花的丝绸面料也是现代人做旗袍时的心头好。若隐若现的图案被机器织到各色面料上，图案与面料同色却呈现出不同质地和光泽，这种面料做成的旗袍质地柔软，会营造出一种低调的奢华感。

PART 04
灵动的压襟和胸针

旗袍上的精彩工艺成就了旗袍，而另一些配饰也以它们自身的工艺之美成就着旗袍，压襟和旗袍胸针就是这样的美物。现在很多人在穿旗袍时会选择戴上压襟以及旗袍胸针，让旗袍显得更加精致讲究。

压襟是从古代穿越而来的美物

压襟就是一串挂在衣扣上的精美饰物，有金属做的，有彩绳编制的，还有串珠的。压襟通常被分成三层，每一层的造型都不同，最上端有用于挂在衣扣上的小卡子或者小吊环，最下端一层往往缀着一些小铃铛、流苏等小物件，中间一层则是一块大而精美的装饰物，起到链接上下的作用。

佩戴压襟的时候，常常把它挂在旗袍门襟的第二颗扣子，挂好后的压襟从胸侧长长地垂下来，让穿戴之人走起路来灵动万分。现在市面上大部分的压襟是工厂批量化生产出来的，款式古色古香，价格也很实惠，穿旗袍或者其他中式衣服时佩戴上一串压襟，会让人显得更加精致动人。

现在的女孩们之所以喜欢压襟，很大程度上是受到清宫剧的影响。影视剧里的皇后以及其他后宫女子在穿袍服的时候，胸前总会戴一串别致的压襟。

清宫影视剧里戴压襟的造型并非凭空想象，压襟这种美物的确是中国古代的传统配饰，据说唐朝时就已经出现了，到了清朝更是流行。在很多

※ 即使是素雅的旗袍，配上压襟也能显出几份精致优雅

✕ 慈禧太后佩戴的“十八子”压襟

清代的老照片和画像中能看见佩戴压襟的后宫女子形象。慈禧太后的照片中压襟出现的频率就很高。相比现代工厂化生产的压襟，古代的压襟都是手工匠人精心制作的，十分名贵，黄金、白银以及各种玉石、宝石、珊瑚等都是制作压襟常用的材料。

压襟在古代除了用作装饰以外，还有功能作用。由于中国古代的衣服多宽松，日常活动时衣服的门襟容易张开，还容易被风吹起来，所以人们会在衣服的第二个纽扣上挂一个小物件压一下。“压襟”的名字其实就是“压住衣襟”的意思。

不管过去还是现代，压襟的款式都有很多种，其中有一种像一串佛珠手串的十八子压襟最受欢迎。慈禧太后的照片上出现得最多的压襟就是“十八子”。清代诗人张子秋在《续都门竹枝词》中写道：“沉香手串当胸挂，翡翠珊瑚作佛头”，写的便是十八子压襟。

十八子压襟其实就是从佛珠演变过来的。古代人喜欢念佛，时常带着佛珠，逐渐发展出了十八子压襟。这样人们可以随时把它从门襟上取下来当佛珠用，之后再挂回纽扣上作压襟。佩戴十八子压襟是有讲究的，佛头要挂在上端。“十八子”还有多子的好寓意，所以清朝时后宫的女子们都喜欢它。

还有一种银质的镂空压襟也是古今人们都喜欢的。用金、银、铜等金属制作出镂空香囊的造型。佩戴时，在里面放上香料，行走时，会散发出似有似无的幽香。

旗袍上的灵动之花

旗袍胸针是一种带着中式味道的胸针，与其说是胸针，其实更像领花，通常被戴在旗袍领口第一颗扣子处，领间没有花形盘扣的旗袍很适合佩戴。

旗袍胸针有很多种样式，最别致的旗袍胸针当属用传统手工艺做的，传统工艺的复古气质可以更好地衬托出旗袍的东方韵味。旗袍胸针本身也许没有压襟那样的悠久历史，但制作工艺却都是有历史年头的，例如烧蓝和花丝镶嵌两种工艺。

花丝镶嵌其实包含了两种工艺，一是用金、银为原材料拔成细丝，再编结成型，二是镶嵌，先把金、银薄片捶打成形，然后镶嵌上各种珍宝。

烧蓝旗袍胸针

明万历皇帝的金丝翼善冠

据说花丝镶嵌工艺起源于春秋战国时期的错金银工艺。错金银是利用两种金属的不同光泽去显现出花纹，属于金属丝镶嵌工艺的一种，制作时会用金银丝在器物的表面镶嵌出花纹，比如战国时期的错银螭首带钩、汉代的错金铜尊、三国时期的错金马首形軏和错金铜蟠龙等文物使用的都是这种工艺。

明代中晚期，人们将花丝镶嵌工艺发展到极高的水平，明清很多首饰都是用这种工艺制作的，最具代表性的是明万历皇帝金丝翼善冠。

烧蓝工艺则是以名贵金属为胎，例如白银，用金属花丝在胎上掐出花纹，再在金属胎花纹里填上透明或半透明的珐琅釉料，最后用500℃到600℃的温度进行多次烧制。据说烧蓝工艺源于13世纪末的意大利，清朝时期，烧蓝工艺在中国被广泛地运用起来。

中国匠人常常会将花丝镶嵌和点翠或烧蓝结合起来使用，以制作出更为精美的饰物。明清时期人们常常将花丝镶嵌和点翠完美结合，例如明代孝端皇后和孝靖皇后的凤冠。点翠昂贵且要以翠鸟的生命为代价，烧蓝的出现解决了这些问题，从此烧蓝与花丝镶嵌成为完美组合。

如今一枚融合了烧蓝与花丝镶嵌两种工艺的旗袍胸针，通常用纯银做底，烧蓝工艺赋予它艳丽的色彩，而花丝镶嵌则能让它的细节看起来华美精致。在镀金的花丝间通常还会镶嵌上珍珠或者其他宝石。

第五章

旗袍的新样貌

旗袍在经历过20世纪三四十年代的辉煌之后，进入了很长一段时间的沉寂期。作为封资修的典型，在中国大陆一时销声匿迹。直到20世纪70年代末80年代初，改革开放不断深入，人们的物质生活和精神生活不断丰富，中国开始进入衣服时装化的时代。百姓对美的追求日益增加，服装的款式也在不断丰富，旗袍，这种融合中西文化的服装又重新出现在大众视野。

旗袍　中西合璧的服饰文化

PART 01
匠心民艺的复兴

现在，中国市面上能看到各种各样的旗袍，有定制的，也有工厂流水线生产的。工厂的流水线上批量化生产的旗袍和手工定制旗袍自然不能比，它们只做到了形似，却缺少了传统工艺带来的内在神韵。手工定制的旗袍千衣千面。有的手工旗袍一天就能完成，有的却需要好几天，这中间的差异就在于制作旗袍时所要用到的那些传统工艺，比如镶、嵌、滚、盘、绣、宕，很多最传统的旗袍技艺在现代制作中被渐渐丢失或者简化。

旗袍中有一道叫“宕”的工艺，它是用一种与旗袍本身面料颜色不同的面料做成细条,整烫成需要的形状，然后再缝贴在靠衣片边缘的地方，有很好的装饰性，它让旗袍看起来更精致灵秀。这道工艺在传统中是用纯手工制作的，现在很多旗袍定制店会用机器代替手工，虽然这样可以大大节省时间，从外观上看起来也差不多，却丢失了传统工艺原本的味道，针脚间也少了一些细腻。如果坚持使用传统手工，虽然能将中国最原汁原味的工艺展现出来，但是需要付出更多的时间与精力，成本也无形中增加了很多。

见证旗袍风雨兴衰的老字号

曾经引领旗袍风行全国的上海，如今依然是一个时髦的城市，现在这里除了时髦以外，还保留着很多传统的韵味，老字号店铺是这座城市里最具传统韵味的一部分。

上海的陕西北路是一个既复古又时尚的地方，这里有高楼大厦，也有老上海复古的精美建筑，这里云集了世界上各种最有名气的大品牌专卖店，同时这里也坐落着一些传承中国传统工艺的老字号店铺。这些老字号店铺是属于中国自己的大品牌，它们也是世界眼中最地道的中国味道。

现在，想要制作一件最地道的旗袍或者中式服装，上海可以说是首选。在陕西北路的一个十字路口旁有一家已经传承了80多年的老字号店铺——龙凤旗袍，这家店铺见证了旗袍从20世纪30年代的辉煌到如今再次复兴的整个过程。

1936年，有一个叫朱林清的人在上海创办了一家叫“朱顺兴”的中式服装店，这便是“龙凤旗袍”的前身。朱林清最早在苏广成衣铺工作。苏广成衣铺在当时的上海是引领时尚的风向标。朱林清从打杂做起，后来逐渐成长为一位手艺绝佳的裁缝师傅。积累了一定的经验后，朱林清决定自己创办一家中式服装店，更好地施展自己的手艺，朱顺兴中式服装店便建立了。

由于朱林清过硬的手艺以及精准独到的眼光，他的服装店在上海逐渐打开了局面，尤其是他把西式裁剪法特别好地运用到了旗袍中，制作的海派旗袍在上海赫赫有名，不仅很多明星、名媛都喜欢光顾，就连称霸上海的黄金荣与杜月笙也会带着家眷来这里定做旗袍。宋庆龄也是“朱顺兴”的常客，她最喜欢香云纱和丝绒面料做成的旗袍。

※ 龙凤旗袍

香云纱又叫“响云纱”或“莨纱”，有一千多年历史，它是用植物染料薯莨染色的一种丝绸面料，虽然是丝绸面料，但它的质地不只柔软，还兼具挺阔感，容易洗涤，不易起皱，还经久耐穿，特别适合夏天穿。尤其它自带一种古朴的深颜色，制作的旗袍风格稳重端庄。而丝绒是另一种质地的真丝面料，它柔软垂顺，光泽婉约华美，制作出的旗袍穿着舒适，线条柔和，风格大气华丽。

这两种面料所体现的质感与风格特别符合宋庆龄的气质。直到现在，“龙凤旗袍”仍然在使用香云纱制作旗袍。20世纪三四十年代，来“朱顺兴”定制旗袍的客人络绎不绝，朱顺兴成为老上海旗袍制作的金字招牌。

1956年，中国拉开了工商企业公私合营的序幕，上海的服装制造业自然也顺应了这个趋势。1959年，以朱顺兴中式服装店为代表，联合了上海

※ 龙凤旗袍

其他四家有名的苏广成衣铺“范永兴”“钱立昌”“阎凤记”和“美昌”，合并为“上海龙凤中式服装店”，当时的店址设在上海南京西路849号。新成立的上海龙凤中式服装店除了经营旗袍，还经营中式上衣以及中式棉袄，当时用骆驼毛、平绒等面料做的中式上衣最受大家喜爱。“龙凤”的中式上衣以及棉袄做得也很出色，彭德怀就很喜欢穿“龙凤”制作的中式棉袄，中南海还曾专程到上海接“龙凤”的裁缝师傅去给国家领导人量体裁衣。当时的“龙凤”占到了上海中式服装生产市场份额的80%以上，光是缝制的师傅就有400多人。

到了20世纪六七十年代，人们几乎是清一色的干部装、蓝制服、绿军装，“上海龙凤中式服装店”也更名为“红雷服装店”，不再制作旗袍。

直到20世纪70年代末期，随着改革开放的开始，人们对于美的多元化意识被逐渐唤醒，鸭舌帽、西装、喇叭裤、花衬衫开始流行，新潮服饰冲击着中国人的视线，掀起新的浪潮。

1978年，“龙凤”旗袍店的名字得以恢复，这时的“龙凤”除了经营擅长的旗袍和中式服装以外，还开始尝试时装。1983年，北京民族文化宫举办了一次旗袍展，“龙凤”的手工旗袍以精湛的工艺吸引了众多目光。20世纪90年代，很多政界、演艺界的人士都到“龙凤”定旗袍，“龙凤”与旗袍被更多人重新关注。

随着时代的发展，人们对传统工艺越来越重视，一场非物质文化遗产的热潮兴起。2007年“龙凤旗袍手工制作技艺”被列入上海市级非物质文化遗产名录，2011年又被列入第三批国家级非物质文化遗产名录。如今的“龙凤”是国营老字号。2011年8月，它从南京西路搬迁到了如今的陕西北路。在这条复古与时尚并存的路上，“龙凤”承载着旗袍最传统的工艺，也肩负着旗袍顺应时代新气象的发展重任，成为代表旗袍最好工艺的中国品牌。

手艺人对传统工艺的坚守

现在，依然有不少旗袍订制店一直坚持使用最传统的工艺做旗袍，龙凤旗袍老字号就连旗袍的绲边也全是用手工扦边。每一位师傅都独立负责一件旗袍的制作，制作一件旗袍至少需要4天的时间。

除了“宕、镶、嵌、绲、盘、绣”等传统旗袍工艺，“龙凤”还创新出“镂、雕”以及“绘”的新工艺，这九大工艺成为“龙凤旗袍”的特色。“绲”是指绲边，它不仅具有装饰性，还起到包边和锁边的作用；“绣”是刺绣，这在如今的很多旗袍上都能看到；“镂”“雕”工艺则是“龙凤”的专利技术，主要用于旗袍扣子的制作；“绘”是手绘，可以赋予旗袍的图案一种新风格。

龙凤旗袍有一件非常著名的旗袍叫“吉祥如意”，大家也叫它“如意头”，它是用枣红色底金色花的织锦缎做成的，除了看起来轮廓精致以外，并没有太多花哨装饰，然而这件外行人看起来十分简单的旗袍，在内行人眼里却一点也不简单，它几乎囊括了除“绣”以外的“镶、嵌、滚、盘、宕”等所有旗袍传统工艺。旗袍两侧的“如意云头”极有特色，简直就是旗袍工艺的“教科书”，如今被收藏在中国丝绸博物馆中。

传统工艺是有标识性的，在龙凤旗袍定做的旗袍，在没有大改动的情况下可以提供免费的修改，即使找不到之前的订制凭证也没有关系，“龙凤”的旗袍师傅说：“别说发票丢了，就是连上面的商标也掉了，都没有关系，因为我们龙凤做的东西一看就知道。”

由于做旗袍所用的面料很多都是细滑且薄的，不容易用粉片画出准确记号，于是衍生出一道叫拉粉线的传统工艺，用拉粉线的方法，无论直线、曲线都可以标记得很精确到位。而打水线的方法，除了龙凤旗袍，另

× “龙凤旗袍”的“如意头”

一位旗袍手艺人也在坚守与使用，她便是沈阳那氏旗袍的姚俭萍。

那氏旗袍是由出身满族正白旗的那永发于1932年在奉天（今沈阳）创办的。那时的那氏旗袍还叫作“丽昌商行”，那永发的祖辈曾给宫廷制作旗袍，于是制作旗袍的地道手艺就在那家里延续了下来。作为那氏旗袍第三代传人的姚俭萍1985年嫁到那家，过门后，她跟着作为那氏旗袍第二代传人的公公那学忠学习手艺，几十年来，姚俭萍时刻将那氏旗袍“立剪裁运、浆薄至位、针码细匀、心随意愿”的十六字祖训铭记在心，坚持使用传统工艺，打水线便是祖传下来的传统方法之一。

姚俭萍用“打水线”做旗袍边条时，会将一条细线撑直，放在嘴里来回拉拽使其充分湿润，然后算好距离，用两边手指在刷过浆糊的边条上固定后轻轻一弹，湿润的线便在边条上留下了细细的印痕，之后沿着痕迹将边条折出细致的条状。

传统工艺虽然耗时耗力，但姚俭萍认为这些工艺都是一代代师傅们在实践中总结出来的精华，在做旗袍的路上无捷径可走，如果用其他方法取代传统工艺，最终必然会影响到旗袍的品质。2017 年，姚俭萍成了沈阳市非物质文化遗产那氏旗袍传统制作技艺代表性传承人。

传承技艺之路

从民国到现在，旗袍技艺传承下来不是件容易的事，无数曾经制作旗袍的苏广成衣铺在时代的风云变幻中早已销声匿迹。完整的旗袍技艺传承至今，这中间倾注着无数人对旗袍技艺给予的希望与最坚定的信念，他们共同书写着旗袍技艺传承的心路历程。

想把技艺传承下去必须有自己的“秘诀”，旗袍制作技艺的传承方式跟着时代的变化在不断做调整。最早的旗袍店都是以学徒制的形式传承，手艺高超的旗袍师傅把手艺传授给徒弟。但是，徒弟想学到手艺也没那么容易，得从打杂做起，积累了一定经验之后方能有资格拜师学艺。新中国成立后，原来的私营服装店大多改造成了公有制，手艺的传承主要在企业内部，培养优秀的员工。进入21世纪后，旗袍制作师傅们除了按以前的方式教授徒弟，有的还会和职业技术培训学校或机构合作，培养旗袍师傅。但不管传授方式怎么变，传授的内容和学习方式是不会有太大变化的。学徒都要从做手工开始，练就的是做旗袍的基本功。精湛的手艺需要时间来沉淀。就拿旗袍上的盘扣来说，想要熟练掌握它的手工制作需要练上四五年，更别说熟练运用旗袍上的所有技艺。旗袍上的手工绲边也并非针脚密就好，要做到均匀有序，在针脚大小的把控上考验的也是功底。

在重庆，另一家旗袍老字号以女性代代相传的形式，将传统旗袍手艺传承了四代，这就是渝派君临百年旗袍。如今作为渝派君临百年旗袍第三代传承人的蒋玲均，是山城最懂旗袍也是最爱旗袍的女人，几乎天天身着旗袍。蒋玲均端庄温婉，如同渝派旗袍的气质，既有京派旗袍的大气，又具有海派旗袍的洋气，带着一种山城旗袍独有的温婉气韵，在渝派旗袍里也承载了重庆旗袍手艺人的过去、现在和将来。

在重庆，旗袍从抗战时期开始普遍兴起，当时流行一种朴素简洁又实用的旗袍风格，轮廓宽松，两侧开衩较低。当时，几乎所有女性都穿着旗袍，旗袍已成为大家日常的普遍着装，为满足市场需求，重庆自然有不少善于制作旗袍的裁缝铺。

蒋玲均的外婆，当年嫁到一户裁缝家，婆婆见到儿媳妇心灵手巧，便把做旗袍的手艺传授给她，后来外婆又将手艺传给蒋玲均的妈妈，而妈妈又传授给了蒋玲均，就这样，传统技艺在三代女性中相传至今，如今成长为渝派君临百年旗袍第四代传承人的是蒋玲均的助手，名字叫张玉梅的90后姑娘。

传承技艺并不是容易的事，蒋玲均曾经也有过迷茫，最终发现祖辈传下来的旗袍手艺能给自己归宿感，她也一直在坚持用传统工艺制作旗袍，裁衣、打线钉、收省、做盘扣等108道工序，一个都不曾省略。为达到合体效果，单单量体就会测量人体38个位置，对于旗袍的款式设计更是用心。在她手下制作出的每一件旗袍都是独一无二的。

作为学服装设计出身的蒋玲均，希望在传承传统的基础上，更好地将旗袍文化发扬光大，于是她以旗袍客栈的形式来让更多人走近旗袍。旗袍客栈是在旗袍作坊的基础上打造的民宿，旗袍爱好者纷纷来此打卡，这里也能让住宿的客人体验了解到旗袍文化。传统技艺的弘扬就在氛围感受以及主客互动间完美实现，正如同蒋玲均说的：“文化的传承不是陈列和展示，而是认同和适用。”

将时代气息赋予传统工艺

传承技艺的路上，传统工艺无论何时何地也不能丢，不过只有让传统与时代接轨才能在传承的路上一路向前。保存原汁原味的传统是旗袍制作大师们的特色，但是在坚持传统工艺的同时，他们也在尝试旗袍款式的改良，以符合现代人的口味，有的传统款式显得太拘谨，年轻人更适合朝气蓬勃的款式，于是长度在膝盖以上短款旗袍出现了，受到很多年轻人的喜爱，它可以满足更多场合的穿着需要，看起来轻松活泼的同时还能显出身材的好比例。

“龙凤”有一位叫江满宗的老师傅，很多明星、名流的旗袍都出自他的一双巧手。对江师傅来说，气质不同的客人适合的旗袍款式也不同，为她们找到适合的款式，就是他的工作。曾有一位喜爱旗袍的外国总统夫人来“龙凤”定制旗袍。因为外国人的气质不太适合小家碧玉的旗袍风格，江师傅就为她选用黑色面料配以孔雀图案盘金绣的旗袍款式，黑底金花的雍容大气之感恰好适合这位总统夫人的气质。

江师傅说，现在很多人对于旗袍有两个误区。一是她们通常会说买旗袍。其实旗袍最好是定制，展示的旗袍样式只是参考的样品，量身定做的旗袍最合身；二是人们总会认为瘦的人穿旗袍才好看，其实旗袍追求的是均匀，只要身材匀称，再选择适合自己的颜色，那么总有一款旗袍是为你准备的。

中式服装的细节在以前有很多讲究，比如大襟一定是男左女右，男装上衣的扣子一定是单数等等，直到现在“龙凤”都在一丝不苟地坚持这些细节。当然，在坚持传统的同时，“龙凤”也在不断创新和改变。以前人们喜爱选带吉祥寓意的富贵牡丹图案，牡丹的花形很大气，寓意吉祥，做成旗袍刺绣再适合不过。现在很多年轻人喜欢更新鲜的图案，“龙凤”结合她们的喜好设计出更多的刺绣花形，比如荷花、水仙等等，甚至还有剪纸样子的刺绣图案。

相对“龙凤”的海派旗袍，作为京派旗袍代表的双顺旗袍曾是民国时期北京最大的中式服装成衣铺，叫“双顺成衣铺”，创始人叫韩俊峰。1911年，14岁的韩俊峰从河北老家来到北京东四六条西口的双顺兴成衣铺做学徒。经过三年多的刻苦学习，他练就了一手中式制衣的好技艺，男装、女装、单衣、夹袄、粗活、细活样样精通，许多订制衣服的人专门点名找他。1917年，韩俊峰在朝阳门南小街成立了自己的成衣铺。由于韩俊峰手艺高超又吃苦耐劳，成衣铺的生意越做越好。后来，他将店铺搬到了东四六条老君堂，双顺成衣铺正式成立，逐渐闻名北京城。这里的旗袍样式总能紧跟时代步伐，人们纷纷来此订制旗袍和中式服装，宋庆龄、李宗仁夫人、里根夫人以及王光美都曾到这里订制过旗袍。生意好的时候，“双顺”一度发展到有40多名制衣师傅的规模。

新中国成立后，旗袍经历了从繁华落尽到重换生机的命运，“双顺”也历经变迁。1992年，“双顺”最后的制衣车间撤销，但京派旗袍的技艺并未间断，技艺在一代代传承人的坚守中得以传承。面对“双顺”和京派旗袍的沉寂，作为第三代传承人的陆德一直为保护传统技艺而努力。陆德在坚守传统技艺的同时，根据时代需求，做出了许多大胆创新，比如把西式的领型结合运用到京派旗袍中，改良的新领型一度流行，甚至西式女装也开始借鉴使用这种领型。她曾让京式旗袍技艺走进校园，联合北京市黄庄职业高中一起培养旗袍手工艺人才，让更多年轻人学习到京派旗袍的手艺。2006年京派旗袍传统手工技艺被列入北京区级市级“非物质文化遗产”名录。

如今，作为双顺旗袍第五代传承人的张凤兰，不仅在旗袍本身上做出新改良，还设计制作出许多与旗袍相关的文创衍生品，比如手袋、胸针、装饰画等等。这些文创产品中的一部分已经被列为北京外事礼物以及国礼，深受外国友人的喜爱，旗袍文化因此以另一种别致的形式展现在世界眼前。

传承技艺需要承前启后，不仅要坚持传统工艺的原汁原味，也需要顺应时代的新眼光，但中间的度是所有传承技艺的匠人们一直在平衡的，这个平衡点大概就是让传统技艺在时代变迁中依然焕发勃勃生机的关键所在。

PART 02
婚礼上的中式祝福

现代的很多中国女性，都有一个关于旗袍的梦想，都有一个旗袍情结，都想拥有一件属于自己的旗袍，旗袍在她们心里是东方美的最好诠释。结婚的时候，旗袍更是很多中国新娘的必备服装。在她们心里穿旗袍的婚礼才算是圆满，旗袍已经成为婚礼上的中式祝福。

婚礼上的旗袍靓影

过往的二十几年，西式的婚纱以及西服是中国人婚礼上常见的选择，而如今中国人结婚时兴起复古中国风，越来越多的人选择办一场隆重传统的中式婚礼，婚礼上新郎、新娘会穿上各种中式礼服，这些中式服装大多是在传统样式上延伸改良而来的，款式丰富多样，风格都以华丽喜庆为主。

新娘的中式礼服常有凤冠霞帔、龙凤褂、秀禾服、旗袍、汉服等等。凤冠霞帔是最传统的中式结婚礼服，而龙凤褂上有繁复的龙凤图案刺绣，收腰的处理会让新娘看起来身材婀娜。秀禾服其实源于一部叫《橘子红

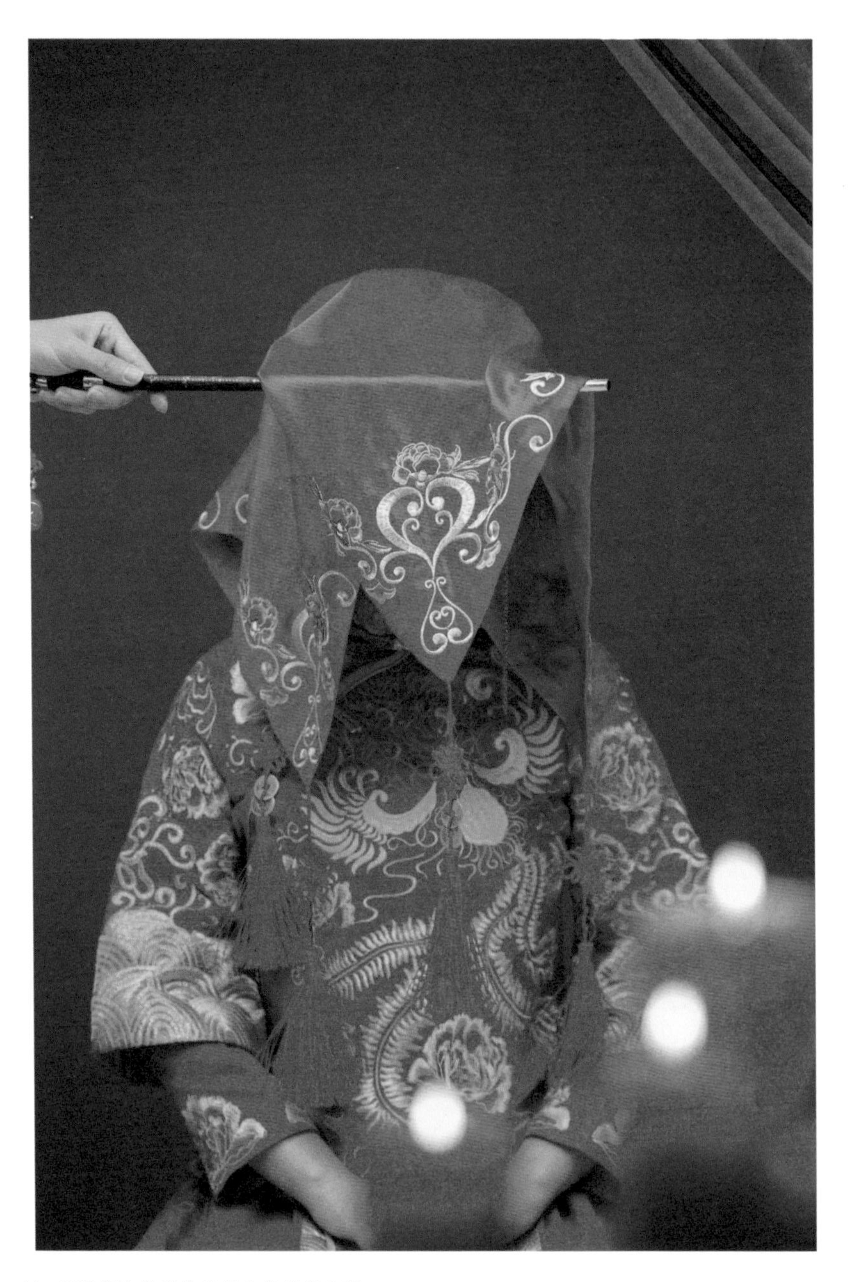

凤冠霞帔是最传统的中式结婚礼服

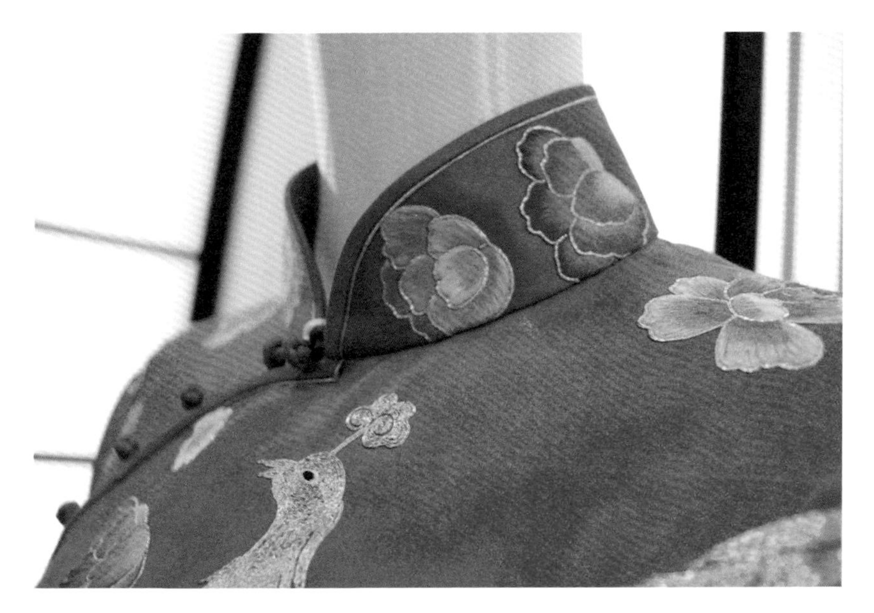

“龙凤旗袍”制作的嫁衣

了》的影视剧。这是一种改良的中式服装，分成上衣和下裙，因为样式古典别致，受到大众喜爱。旗袍自不用说，是每个新娘心中的中式梦想，逐渐兴起的汉服也成为时下婚礼上新娘们的心头好。配合新娘丰富的中式礼服。新郎常常会穿中山装、青年装、长袍马褂、状元服等等。

相比选择纯中式婚礼的人来说，中西结合的婚礼是更多人的选择。这样的婚礼，新娘常常准备两到三套衣服，西式的婚纱一定要有，旗袍和晚礼服选其一，也有各准备一套的，仪式上穿洁白的婚纱，宴席上穿旗袍或者晚礼服，如果在宴席后有小聚会，会再换一套轻松的小礼服。新郎常常穿西服以及改良的中式套装。婚礼上还有一大看点就是伴娘团的衣服，通常是款式清新简洁的小礼服裙，伴郎多穿西服，而新郎、新娘的父母长辈也会提前准备婚礼上穿的衣服，一般是稳重得体不失隆重感的服装，改良

设计师艺阳设计的结婚旗袍，领子加入了新颖的编花工艺

的中式套装和唐装是许多人的选择。

“龙凤旗袍”的江满宗师傅为很多新娘制作过旗袍嫁衣，针对年轻的新娘，他通常建议做短款旗袍，长度定在膝盖以上3厘米，这样能显得新娘很有朝气。如果新娘的妈妈身高不超过1.6米，江师傅也会建议她穿这样长度的旗袍，可以修饰身材且让人显得非常精神。

结婚穿旗袍的不只有中国人，一些外国人在中国结婚时也会穿上旗袍。服装设计师艺阳曾为一位外国准新娘设计过一件别致的旗袍。旗袍采用正红色的中国绸缎，下摆的梅花图案是纯手工刺绣的。旗袍的长度被设计到膝盖的位置，最别致的设计点在领口和袖口，采用了新颖的编花设计，这在传统旗袍中是不曾见过的。新颖别致的设计为这对新人送上了一份诚挚的祝福，当准新娘看见这件旗袍的时候，十分喜欢。

PART 03
新旗袍风尚

现代旗袍基本保持延续了民国时期流行的旗袍样貌，立领、有袖或无袖、合身的剪裁以及斜开的门襟是一件旗袍的标准样子，不过现代旗袍中也会被融入许多时代新元素。旗袍可以是传统嫁衣，也可以是带着鱼尾下摆的晚礼服，还可以把下摆长度缩短到臀围处，就成了一件时髦百搭的中国风上衣，甚至可以配牛仔裤穿。

为了穿脱更方便，现代旗袍有时会在背后或者腋下使用拉链，原先领口和门襟上的盘扣只用于装饰而不再具有实际功能。很多人十分喜欢这种旗袍，因为穿着很方便。但也有的人还是更青睐传统侧开、系盘扣的款式，因为这种款式复古味道更浓。

电影里的旗袍风

2000年，一部《花样年华》电影风靡中国，剧中出现了23件精美的旗袍，女主角优雅的旗袍造型随场景变化也在不断更换，每件旗袍都美得不

✕ 电影《花样年华》中女主角优雅的旗袍造型

可方物，将女主角衬托得风华绝代，让人们重新领略旗袍的曼妙气质。据说，这些旗袍都是由影片的艺术指导张叔平设计，布料是他多年来的私人珍藏，质料和花式都是绝版。片中所展示的旗袍的制作团队里，每一位旗袍师傅都有自己的绝活，擅长制作不同年代的旗袍。这些旗袍的价值达30多万港元。

2007年，另一部李安导演的电影《色戒》，也让旗袍一时成为人们茶余饭后的谈资，在许多姑娘心里埋下一个旗袍的梦想，大家纷纷仿照电影中的旗袍订制起来，女明星们也穿着旗袍登上杂志封面。整部电影里，女主角换了27套旗袍，有质地朴素的格子布旗袍，也有风情万种的印花绸缎旗袍，每套旗袍风格都不同，烘托剧情发展的同时，也呈现出一场旗袍的视觉盛宴。后来，国家广电总局、中国扶贫基金会以及电影频道共同主办了

✕ 电影《色戒》中女主角穿的素色旗袍

一场慈善活动，在众多拍卖品中，《色戒》中女主角曾穿过的一件米色旗袍特别引人关注，最终拍出了5万元的价格。

除了电影，有一部叫《旗袍美探》的电视剧也一展旗袍的魅力。这部电视剧讲述20世纪30年代老上海的探案故事。女主角从海外归来，是一位风姿绰约的女侦探，她每次出场的服装造型都能让人眼前一亮，让人不禁感叹旗袍真美。相比其他影视剧中旗袍造型的复古优雅，这部剧中的旗袍造型尽显的是时髦摩登，蕾丝、珠片等材料和改良的轮廓结构都被运用到剧中的旗袍上，这些设计恰好体现了民国时期旗袍款式的百花齐放以及当时服饰文化中西合璧的精神，从每套旗袍精美的细节中也能忆起老上海女子的精致摩登。

秀场上的旗袍风

服装设计师是领导旗袍流行的中坚力量，无论是中国设计师还是外国设计师，旗袍元素是很多设计师的心头好，旗袍的优雅复古感与东方浪漫味道总能带给设计师们无限的创意灵感，设计师们通常会把自己喜爱的旗袍元素用到更多意想不到的地方，让更多新颖别致的款式走向大众生活。

中国设计师郭培的设计非常出彩，尤其在纯手工装饰上造诣非凡。她曾设计制作过许多带有华美刺绣的旗袍，每件旗袍上的刺绣图案都极为丰富，在繁复的图案和配色中又体现着秩序与层次，无论远观整体还是近观细节，都完美至极，万分惊艳。

在她的众多旗袍设计中，有一件虽没有使用刺绣，但却显得格外别致，这是2009年她为春晚节目主持人设计的，这件旗袍的别致在于耳目一新的制作材料，一万多片亚克力镶嵌在整件旗袍上，旗袍上淡雅的荷花图案是由晕染过的亚克力拼出，15名工人共同制作20天才将它完成。这件独特的旗袍灵感源于郭培家装修的墙面，她细心观察墙面，发现亚克力很美，马赛克的感觉也很别致，于是运用到了旗袍设计上。

2008年，设计师艺阳也设计过一款与众不同的改良旗袍，选用雅致的银色库缎为面料，斜门襟上点缀有深蓝色蕾丝，下摆上是京绣的花鸟图案，与众不同的地方在于下摆两侧开衩的设计，开衩被做成捏褶的形式，这也让下摆呈现出略微蓬松的效果，另外下摆长度被缩短到臀部以下十几厘米的位置，既可以当旗袍穿，露出修长大腿，也可以当中式上衣穿，搭配牛仔裤，让旗袍的穿着形式变得轻松起来，同时兼具了复古优雅与现代实用，因为新颖的设计，这件旗袍曾登上过许多杂志的内页大片。

从外国设计师的设计中也会发现旗袍的另一片天地，他们站在不同的视角去理解并运用东方旗袍元素，诞生了许多全新的旗袍形态并引领着潮流。

2017年的第70届戛纳国际电影节，GUCCI的设计师Alessandro Michele为中国明星李宇春设计了一件带着若干虎头装饰的长款旗袍，底色是粉色拼接乳白色，领口、袖口、腰部镶满彩色珠饰，虎头的图案炫彩又霸气，颠覆了过往旗袍在人们心中的印象，显得时髦帅气。

1997年，John Galliano举办了一场轰动世界的Dior超级旗袍秀，让整个世界都看见了这种神奇的东方元素。这场走秀上的旗袍设计采用了许多短款设计，有的甚至把下摆做成短裤的形式，也有的把下摆设计成带蕾丝荷叶边的短裙。除了前卫的短款，还有复古的长款，每一件旗袍上都有完全不同的设计点，轮廓线条也被处理得极为合体。无论长款还是短款，所有款式都展现出一种复古性感又摩登前沿的感觉，为了让时装的整体呈现效果更完美，模特们搭配了充满浓郁东方感的发型和妆容。

PART 04
旗袍，从繁华落尽到重换生机

一个时代的服饰和这个时代的背景有莫大的关系，旗袍也不例外。20世纪初期，中西文化碰撞融合，革新的新思潮逐渐深入人心，女性思想逐步解放，思想变化的外在反映之一就是服饰的变革。旗袍就是在这种环境下诞生并风靡。1949年，中国人民在经历长时间战乱与顽强斗争后，迎来新中国成立，革命与建设成为主旋律，旗袍作为旧社会的产物，不再符合人们的审美和日常穿着需求，逐渐淡出了人们的生活，朝气又方便的列宁装、中山装开始受到大家的追捧。

新时代的新风尚

1949年，中华人民共和国成立，人民生活也步入了一个全新的时代。新气象、新风尚、新观念体现在人民生活的各个角落里，比如，朝气蓬勃的列宁装、中山装、人民装开始流行，尤其是列宁装，对于20世纪50年代初的中国男士来说，是一个代表革命和进步思想的符号。

女性中则流行一种叫“布拉吉”的裙子。“布拉吉”在俄语里的意思就是连衣裙。这是一种上下连身的裙子，最大的变化在于领型，不同的领型可以衬托不同的脸型。“布拉吉”的明快清新风格让当时的女性爱不释手。这一时期，中苏关系十分紧密，苏联电影、画报，以及苏联援华女专家很多是身穿“布拉吉”的形象，这便成为大众审美新的参照物。此时的旗袍作为“小资产阶级”的典型代表，逐渐退出市场。

但旗袍并没有真正退出历史舞台，此时海外华人聚集的地方，旗袍依然是女性着装的主角。在这个全新舞台上，旗袍的风格有了进一步的改变，在原有的轮廓基础上，胸、腰、臀的曲线更为分明，肩部线条则趋于圆润包肩的感觉，下摆的长度也有了更多改变，甚至出现了超短的旗袍款式，看起来更加充满活力。

直到20世纪80年代，随着改革开放的深入，中国经济开始飞速发展，中国社会风尚也越来越多元化，旗袍作为传统文化的代表，被重新发现，并逐渐回归。

20世纪80年代中期，关于“时装民族化”的倡议，让中国时装在未来的发展有了清晰的方向，中国的传统服饰文化精粹被人们重新重视起来，各种手工艺的技艺传承也渐渐被关注。与此同时，人们还在努力赋予传统服饰文化新的灵魂，在继承传统服饰文化与工艺的同时，也在顺应时代的发展和时尚的潮流，融入更多的现代审美和工艺，让传统服饰文化焕发新的生机，展示出传统而又新颖的中国气韵。

旗袍作为中国传统服饰文化中的瑰宝，也成为一种中国符号，被全世界认知了。

奥运会与APEC让全世界为旗袍倾心

1984年，旗袍作为女性外交人员的礼服登上政治舞台。从1990年北京亚运会时起，旗袍成为后来中国举办亚运会、奥运会、国际会议以及各种博览会的首选礼仪服装。2008年北京奥运会上，旗袍元素被运用到了各处，其中的颁奖礼服给人印象深刻。它使用了旗袍的领型，结合青花瓷的元素，白色的面料上绣着淡蓝色的图案，一种清雅别致的中国美让世界都为之倾倒。

现在的旗袍除了延续传统轮廓外，还会运用各种新的时尚元素，这是时代赋予旗袍的新亮点。随着时代的发展，旗袍与传统制作工艺越来越被重视。2011年，旗袍手工制作工艺成为国务院批准公布的第三批国家级非物质文化遗产之一。

2014年11月，旗袍亮相北京举行的APEC会议，惊艳了与会的各国领导人及其夫人们。当时各国男领导人都穿着带海水江崖纹的连肩袖立领对开襟上衣，女领导人穿着带海水江崖纹的连肩袖立领对襟外套，而领导人的夫人们穿的则是中国的立领旗袍，旗袍外还搭配了一件连肩袖开襟外套，看起来端庄华贵。这些中式衣服可有来头。为了设计制作出最有中国特色的服装，当时北京市APEC筹备工作领导小组组建起一个包含服装、文化、外交等领域知名专家的专家评审团队，最终从征集的455份设计稿中甄选出这次的礼服。

领导人及夫人们的中式服装使用的面料是始于宋代的宋锦和始于明末清初的漳缎。服装的连肩袖是中国传统服装里的标志性结构，领导人上衣外套立领对襟的形式源于明代，用到的海水江崖纹是中国传统纹样，寓意“福山寿海，一统江山”，出现在APEC领导人服装上则寓意“21个经济体

〤 旗袍走秀

山水相依，守望相护”。领导人的夫人们搭配旗袍的开襟外套在商代就出现了，而穿着的旗袍更是中国文化符号，旗袍上的刺绣是由苏州的绣工完成的。旗袍通过APEC会议不仅惊艳了各国领导人及其夫人们，更是令全世界为之心动。

随后一场中国服饰的风潮涌动起来。上海老字号旗袍“龙凤旗袍”的师傅回忆说：“当时定制旗袍的人络绎不绝。”

旗袍里寄托着海外游子的思乡情

一件旗袍可以承载一个人年轻时的故事或者一段人生中最重要的经

历，因此旗袍在人们心中深深扎下一个永远不会忘怀的根，旗袍在离中国很远的地方，圆着许多海外游子的中国情与思乡梦。过年的时候，很多海外华人都会选择穿旗袍。很多住在海外的老人一直保持着定做旗袍的习惯，年轻时穿过的旗袍也一直珍藏。

海外华人以前都能在所住地订制旗袍，因为20世纪四五十年代，很多上海的旗袍师傅漂洋过海，定居海外。只是现如今，这些老一辈的旗袍师傅或年岁已大或离开人世，他们的手艺因为找不到合适的继承人，而没有传承下来。于是，很多有旗袍情结的海外华人会不远千里，专程赶来上海定做旗袍。

海外的旗袍爱好者还会自发组织旗袍走秀，在中国，喜爱旗袍的女士，有时也会举办这种走秀活动。活动上，大家会把自己认为最美的旗袍带来，化好妆、做好头发、换上心仪的旗袍，然后在走秀中展示旗袍的美，分享自己收藏旗袍的心得体会。

很多出国留学的年轻人，在临行前，家人也会给她们定做一件旗袍做礼物。当思乡的时候，这件象征故土的衣服总能温暖她们的心。